〔美〕蕾切尔·卡森 著
徐依含 译

海风下

海洋出版社

致

我的母亲

卷首诗：

只要太阳和雨不止息，一切仍将继续；
直到最后一阵风吹过生灵大地，将汪洋卷起。

——斯威本（Swinburne）[①]

[①] 斯威本：英国诗人、评论家，全名Algernon Charles Swinburne（1837—1909）。节选自诗集《破败花园》（A Forsaken Garden）。

引 言

蕾切尔·卡森女士是美国著名的博物学家,海洋生物学家,世界环保运动的开拓者之一。1962年,卡森出版了《寂静的春天》一书,被看作是全世界环境保护事业的开端,卡森也因此被誉为"环保运动之母"。

世界各地的读者认识卡森,大多是因为《寂静的春天》。但是她最美的文字,却是海洋三部曲:《海风下》《我们周围的海洋》《海之边缘》。尤其是《海风下》,是她的成名作。

《寂静的春天》是作者晚年在病痛和忧虑之中所写,写作极其严谨,书后有高达57页的参考文献。虽然文笔之精美优雅一直被视为科普写作的典范,但是与《海风下》相比,显然稍欠文艺。

卡森生于1907年,在匹兹堡偏东北的宾夕法尼亚州的斯普林代尔乡下长大。酷爱读书的卡森女士在母亲的鼓励下对自然界产生了浓厚兴趣。从那时起,她就开始对海洋着迷,读遍了关于海洋所能找到的全部书籍。还很年轻的时候,卡森女士就决定,她的职业道路要么选她感兴趣的海洋研究,要么选她业已娴熟并热爱的写作。但直到19世纪30年代,她才找到一种将两者结合起来的方式。

她回忆说:"一天夜里,雨风敲击着我宿舍的窗玻璃,突然间我脑海里燃过丁尼生《洛克斯利大厅》(Locksley Hall)里的一行诗——既然劲风掀起,海浪咆哮,我自当启程。"雅克·贝汉曾在《迁徙的鸟》中向我们展示了候鸟南迁北徙的壮举，候鸟迁徙过程的艰辛及不屈不饶的精神都让人们惊叹。事实上，在1941年出版的这部《海风下》中，她早就通过诗意、细腻的笔触向我们描述了一部海洋生物迁徙的伟大史诗，这其中就包括迁徙的海鸟。

《海风下》本身就是一系列随笔，不仅文学性高于《寂静的春天》，更渗入了作者的种种情怀，让我们一窥作者的内心世界。作为作者的卡森，并非做一个纯粹旁观的海洋生物学家，而是与海洋生物骨肉相连，似乎化身为笔下的海洋动物，去亲历它们的一生。'

书中的每一个场景，都写得极其细腻传神，让人身临其境。首先出场的海鸟是这样的：

"黄昏时分，一只奇怪的海鸟从浅滩外围的繁衍地飞到小岛上。它的翅膀是纯黑色的，展开后比成人手臂还宽。它平稳地飞过海峡，不慌不忙，步调节奏与那条水道闪亮的光芒被阴影一点点吞噬的速度相仿。它是剪嘴鸥属的，名叫灵俏。"

"快到小岛岸边时，它压低翅膀飞向水面，黑色的轮廓清晰地倒映在灰色的海面上，像鹰在高空瞬时飞过留下的影子。它的到来悄无声息，振翅轻得几乎听不见，即使有声响，也被海浪拍打湿沙的哗啦声湮没了。"

读这样的段落，宛如看一段高清的动物视频，而文字中更蕴含着诗的意象。

作者这样写鳗鱼的旅行：

"满月期间，鳗鱼躺卧在橡树水洼里，它们害怕在皎洁的月色下前行，对明月的恐惧不亚于白日。"

"随着干流河道不断加宽加深，水中多了股怪味。味道有几分苦涩，这苦味昼夜各有几小时格外浓……伴随苦涩的，还有陌生的水流交替……过了一会儿，又缓缓下流，继而一泻如注。"

这样的句子，更是让读者不由自主地有很深的代入感。

大自然与人类社会有诸多相似，生存艰难，竞争残酷，命运无常，人类或海洋动物，都无从逃避。你只能去拼搏，去赌每一个机遇，去面对无可奈何的失败与死亡，即使在完全黑暗的深渊里，你也要坚强抗争。

"每逢月亏潮缓，幼鳗便会冲向海湾口。残雪消融，水流归海；月光晦暗，海潮式微；春雨将至，浓雾皑皑。伴随苦甜参半的初绽花蕾芬芳，黑夜降临。那些幼鳗蜂拥向海湾，巡游着，寻找属于自己的那条河。"

而它们幼年生存的深海是这样的：

"无论经历多少个春夏秋冬，它们的荒寒也没有丝毫的减少。位于海盆之底，所谓水流不过是冷冷的水在缓慢蠕动，如时间流逝般从容不迫，无动于衷。"

我们能读到如此隽永的句子，不仅要感谢作者，更要感谢译者。把英文翻译为如此有典雅的中文，可谓经典。《海风下》之所以几十年没有被翻译为中文，一个原因就是翻译难度的巨大：大多数动物名称都是普通人不熟悉的，而卡森极其诗意的句子要转化为同等诗意的中文，并不容易。所幸的是，本书的译者不仅有生物学专业背景，有欧洲、英国和新加坡留学的经历，有国际性公益组织的工作经验，当过专业翻译，更有攻读传播学博士学位的背景。能找到合适的译者，让《海风下》这本不仅是科普经典，更是英文文学经典的杰作能够有传神的中文版，是读者的幸运。

《海风下》的最后一段，作者写道：

"正如鳗鱼在海湾口等候的时间不过是它们充满变数的漫长生涯的一个插曲，海与岸、山的关系也不过是地质年代的短短一瞬。迟早有一天，山会被无休止的水的侵蚀彻底毁灭，被搬入大海成为淤泥。迟早有一天，所有的海滨会再次浸入海中，其上的城镇亦终归大海。"

而大自然是永恒的。即使再过几十年，这部经典会依然会吸引人们读下去，被那些有血有肉的生命感动着。

目　录

第一部　海的边缘
第一章　涨潮 ·· 3
第二章　春季迁徙 ·· 14
第三章　相约北极 ·· 26
第四章　夏之末 ·· 43
第五章　风吹向海 ·· 51

第二部　海鸥迁徙路
第六章　春海洄游客 ···································· 61
第七章　一条鲭鱼的出生 ···························· 65
第八章　浮游生物猎食者 ···························· 72
第九章　海湾 ·· 78
第十章　海上航道 ·· 88
第十一章　海上"小阳春" ··························· 98
第十二章　拉起围网 ·································· 108

第三部　河流与海洋
第十三章　向大海进发 ······························ 119
第十四章　冬日庇护所 ······························ 130
第十五章　返航 ·· 141

第一部
海的边缘

Under the Sea-Wind

第一章　涨潮

　　一片阴影悄无声息地掠过海峡东面，阴影深处矗立着一座岛。岛的西海岸有片狭长的海滩，湿沙上倒映着泛着白光的明净天空，水面上好似打通了一条明亮水道，从小岛海滩一直延伸到远方的地平线。沙和水都闪着银光，几乎看不出它们的交界处在哪里。

　　岛很小，小到一只海鸥只需扑腾二十来下翅膀就能横穿它。从小岛的东北角开始，夜幕渐次降临。沼泽草肆意摇摆着，周遭的水面昏暗下来。低矮的雪松和冬青树也渐渐被阴影笼罩。

　　黄昏时分，一只奇怪的海鸟从浅滩外围的繁衍地飞到小岛上。它的翅膀是纯黑色的，展开后比成人手臂还宽。它平稳地飞过海峡，不慌不忙，步调节奏与那条水道闪亮的光芒被阴影一点点吞噬的速度相仿。它是剪嘴鸥属（Rynchops）的，名叫灵俏。

　　快到小岛岸边时，它压低翅膀飞向水面，黑色的轮廓清晰地倒映在灰色的海面上，像鹰在高空瞬时飞过留下的影子。它的到来悄无声息，振翅轻得几乎听不见，即使有声响，也被海浪拍打湿沙的哗啦声湮没了。

　　乘着最后的朔望潮①，灵俏和它的同伴来到海峡与海之间外阻隔带的沙滩上。此时新月的月牙刚刚升起，海水在月球引力的牵引下拍打着海滨沙丘的燕麦草。它们刚在尤卡坦半岛（Yucatan）的海滨过完冬，

---

① 新月或满月后的第一次潮汐，此次涨潮和退潮落差是最大的，又称大潮。

就一路向北飞来这里。时值六月暖阳，它们会在海峡边多沙岛屿或是外沙滩上产卵孵蛋，孵出米黄色的雏鸟。不过长途飞行颇为疲倦，它们得先小憩一番。白天，它们会趁退潮时在沙坝上休整，晚上则在海峡周围的沼泽地一带遨游。

月圆之前，灵俏会想起这座小岛。它坐落在一处静谧的海峡里，南大西洋的海浪在海峡两岸汇聚。小岛的北面有一个深沟，从而与大陆架分隔开来，潮水在沟壑间剧烈穿行。小岛南面的沙滩坡度很缓，因此渔民可以在浅水区耙扇贝、撒长围网，一直走到半英里开外海水才会没过腋窝。浅滩一带，成群结队的小鱼在此觅食，小虾米翻转着尾巴四处游弋。浅滩区的生物丰富多样，吸引黑剪嘴鸥每晚来此。它们在水面低飞，尽情觅食。

日落时分，潮水退尽。现在又开始涨潮了，海水漫过滩涂，那是剪嘴鸥下午的休憩地，从沙滩最前端一直涨到沼泽地。一整晚，剪嘴鸥展开纤长的双翅滑翔，不断寻觅乘涨潮水游入海草漫漫的浅滩区的小鱼。剪嘴鸥总在涨潮期觅食，因此亦叫涨潮鸥。

小岛南面，沙滩水深不足一尺，海水柔和地冲刷着沙滩，灵俏开始在浅滩区四处盘旋。它身姿轻盈而敏捷，向下俯冲后又将高高腾起双翼，看起来有几分让人诧异。它深低着头，如此一来，它刀刃般锋利的下喙就能劈开水面。

灵俏的喙在海峡波澜不惊的水面上划出一小道沟壑，激起一层层小波纹。震动波穿透水体，传到多沙的海床后，又反射回来，形成的信号波被刚好在浅滩区巡游觅食的鲇鱼和鳉鱼①收到。鱼类世界中，许多讯息都是通过声波传递的。有时，声波震动预示着头顶上方有成群小虾米或桡脚甲壳类"美食"出没。因而灵俏泗水飞过后，饥饿的小鱼便好

---

① 鳉鱼是一种小型米诺鱼，喜成群出没，常见于浅水湾、海湾及滨海沼泽地。

奇起来，纷纷顶开水面。而灵俏盘旋一阵后，立即沿原路飞回，只消快速张合几下短小的上喙，三只小鱼就到口了。

呷——呷——呷，灵俏叫着。哑——哑——哑！哑——哑——哑！哑——哑——哑！它的叫声尖锐刺耳，沿着水体传到远处的沼泽地，那儿传回了其他剪嘴鸥的应和声，好似回声。

海水一点点涨上来，漫过沙滩，而此时灵俏正在小岛南岸往复飞行，飞过去时引诱鱼儿顺着它飞过的水道浮上水面，飞回来时刚好将鱼儿一口吞下。吃饱喝足，饿意全消后，它便拍打五六下翅膀腾空而起，绕着小岛飞起来。它在沼泽地东端高飞，身下有一群鳉鱼正在海草丛间穿梭。好在剪嘴鸥翼展太宽，无法在水草丛间飞行，因而对鳉鱼群构不成什么威胁。

岛上有座码头，是住在岛上的渔民修建的。灵俏对高空翱翔乐此不疲，它飞过码头，旋即调转方向穿过排水沟，远远飞过盐沼地，加入了另一群剪嘴鸥的行列。它们组成长队，一齐飞过沼泽地，时而好似夜幕中的暗影，时而好似亮闪闪的鸟群（鸟群像燕子一样极速翱翔时，会露出白色的胸脯和闪亮的腹部）。这群剪嘴鸥一边飞一边提高嗓音叫起来，组成了一支奇异的晚间合唱团，音调时高时低，时而轻柔如鸽子的咕咕声，时而粗野如乌鸦的叫声，和声高低起伏，渐强渐弱交替演绎。合唱团渐行渐远，直至完全消失在静谧的空气中，好似远处传来的猎犬长嚎声渐渐弱去一般。

涨潮鸥绕着小岛飞了几圈，在浅滩区往返穿行好几次后，往南飞去。涨潮期间，从头到尾它们都会在海峡静水区集体觅食。它们喜爱漆黑的夜晚，而今晚水天之间隔着厚厚的云层，挡住了月光。

海滩上，潮水舒缓，水花轻轻抚过一排排珍珠贝（jingle shell）[①]和

[①] 珍珠贝是一种小型软体动物，壳极薄且有色泽，通常呈金色、柠檬色或桃色。因为空壳堆积在沙滩上时常发出叮咚声，故又名叮咚贝。

尚未发育成熟的扇贝（scallop）①，发出轻微的叮咚声，又轻快地渐次漫过海白菜，引得下午退潮时躲进去的沙蚤纷纷跳了起来。海蝗虫背朝下、四脚朝天地漂浮着，借助沙滩小浪花的冲力在水里蹦来跳去。海水里相对安全，它们的天敌沙蟹虽轻手轻脚，步伐矫健，不过一般到了晚上才在沙滩出没。

除了剪嘴鸥，在晚上小岛的周边海域还有许多生物出没，它们在浅滩区四处觅食。夜色越来越浓，海水也没过沼泽地，越涨越高，这时两只钻纹龟（diamond back terrapin）潜入水中，加入在沼泽地里潜游的同类中去了。它们是雌海龟，刚刚在涨潮线以上的沙地产完卵。它们用后肢在软沙上刨啊刨，刨出一个罐状洞穴，穴深不超过自己的身长，这样窝就做好了。接着它们就开始产卵，一只产了五枚，另一只产了八枚。它们小心翼翼地用沙土把卵盖上，然后在上面爬过来又爬过去，好把窝隐蔽起来。沙地上还有不少别的窝，不过都不满两周，因为钻纹龟的产卵季从五月才开始。

灵俏追随鳉鱼一路飞到了沼泽地避风处，看见了在潮水翻涌的浅水区潜游的那两只钻纹龟。钻纹龟轻轻咬了咬沼泽地里的水草，几只蜷缩在扁平叶梢上的小蜗牛就成了它们的腹中之物。有时，钻纹龟会游入水底捕食螃蟹。此刻水下立着两根细圆柱，好似钉进沙地的木桩，其中一只钻纹龟正从圆柱间穿过。它们其实是大蓝鹭的双腿。大蓝鹭喜欢独居，每晚都飞离巢穴来到三英里外的小岛上捕鱼。

大蓝鹭一动不动地站着，脖颈扭向肩膀一侧，它的喙已准备就位，只要有鱼儿从腿边游过，就一口啄下去。钻纹龟往深水区游去，顿时一条胭脂幼鱼被吓得惊慌失措，赶忙往海滩边钻。眼尖的大蓝鹭留意到了这一响动，迅猛一啄，一口把鱼横叼住。大蓝鹭随即把鱼往空中一抛，

---

① 扇贝壳在东、西海岸均十分常见，它们跟牡蛎和海贝一样，都属于可食用贝类，不过一般市场上贩售的仅是扇贝的瑶柱部分。

对着鱼头猛咬下去，一口便吞下了整条鱼。这是当晚它捉到的第一条鱼，此前只捉到了些不起眼的小虾米。

海滩上横着一道线，那是涨潮线，上面布满杂物：几簇被海浪冲上岸边的海草残骸、几截木棍、风干的蟹脚，还有残缺的贝壳碎片。而此刻，潮水已快涨到一半的位置。涨潮线上方的沙地传来一阵微微的骚动，原来钻纹龟最近开始产卵了。这个产卵季产下的卵要到八月才会孵化，但许多去年孵化的幼龟此时仍躲在沙洞里，尚未从慵懒的冬眠中苏醒过来。靠着胚胎期残存的一点点蛋黄养分，钻纹幼龟挨过了冬季。也有许多幼龟夭折了，因为去年冬季很长，冰霜渗进了沙地深处。即便幸存下来的，也很虚弱，个个都饿得骨瘦如柴，龟壳里的躯体萎缩得厉害，甚至比它们刚孵化时还小。这些幼龟在沙滩上有气无力地爬着，而成年龟正产下新一代幼龟。

潮水涨到一半时，钻纹龟卵床上的草丛末梢突然摇晃起来，好似一阵轻风吹过。沙地上的草丛被拨开，迎面而来的是一只久经沙场、嗜血如命的老鼠。它穿过草丛来到水边，四肢和粗尾巴所蹭之处皆留下一道光滑的印痕。它跟配偶及其他同类生活在一个渔民存放渔网的旧棚里。岛上鸟类众多，靠着鸟蛋和雏鸟，老鼠一家的伙食还算丰盛。

老鼠从钻纹龟巢穴边的草丛边往外探了探头，这时大蓝鹭正扑打着强劲有力的双翼，从水面上腾空而起，像打水漂的石头一般连环跳跃几次后，往小岛北岸飞去。原来它看到了两位渔夫，他们正乘着小船自小岛西端而来。出发前，他们在浅滩区的海底借着船头火炬的光亮叉比目鱼。船头发出一道黄光，照亮了前方黯淡的水面，连船头所经之处泛起的片片涟漪也披上了柔光，往岸边荡去。沙床边飞来两只萤火虫，在草丛间光彩熠熠。它们一动不动，直到船开过南岸，往镇上的码头开去。此时，老鼠才抄小道退回沙地。

空气中散发着浓浓的钻纹龟蛋的味道，这些蛋是母龟刚产的。老鼠兴奋极了，边嗅边吱吱吱地叫，它开始刨土，不到几分钟就发现了一枚蛋，它刺穿蛋壳，吸出卵黄。接着它又发现了两枚蛋，可它刚要吃，就听到附近沼泽草丛传来一阵骚动——一只幼年钻纹龟正挣扎着从水草根与淤泥缠身的浑水中爬上来。一团黑乎乎的身影穿过沙地，踩水前行。老鼠一口咬住小龟，穿过沼泽草地，蹿到更高一点的圆丘上去了。它聚精会神地咬开钻纹龟纤薄的外壳，丝毫没有留意到圆丘四周的潮水正一点点涨上来。这时，大蓝鹭正一步步涉水退回岛岸，恰巧遇到这只老鼠，便一口咬住了它。

除了水流声和水鸟叫声以外，那小岛上几乎没什么声响。海风睡着了。水湾边传来了浪花拍打沿岸沙滩的声音，可远处的大海却缄默着，微弱得不及一声叹息，仿佛大海也在声音之门外睡着了，只听得到均匀的呼吸声。

寄居蟹拖着壳房子在海岸线偏上的沙滩上挪移，只有耳朵异常灵敏的人才能听到它们发出的声响：对足在沙地上来回移动，螯足拽着壳体赶超同类。它的螯足不止尖锐，还感受得到飞溅而出的细微水滴，如小虾米被鱼群追逐时跃出水面溅出的水花。但在夜晚，小岛海边和海水中的这些声响，人耳是听不到的。

陆地上也悄无声息。早春序曲是由一种瘦虫奏响的，此后便是多板贝撩拨贝壳发出的滋啦声，在春夜里不绝于耳。雪松上睡着的鸟儿（寒鸦与知更鸟）时不时醒来一阵，在倦意中彼此啁啾几句。午夜时分，一只知更鸟模仿着白天听来的鸟叫声开始吟唱，期间还加入自创啭声、咯咯声和口哨声，足足唱了快一刻钟才安静下来。整个夜晚再度只剩波涛声。

那晚，许多鱼儿从海峡深水区游来，它们背鳍柔软，肚子滚圆，周身裹着大片银鳞。这是一群刚从海里远道而来洄游产卵的鲱鱼。一连几天，鲱鱼都躺在海湾浪花线之外。今晚，乘着涨潮水，它们游过了铿锵作响的浮标（渔夫从海峡外回来时就靠这些浮标导航），进入湾口，经航道横穿海峡。

夜越来越深，潮水也步步逼近沼泽地高处，马上就快涨到河口了。银色的鲱鱼加快游速，凭直觉游入盐度较低的水流，盐度差异是通往淡水河的导航线索。河口很宽，水流缓慢，但只占海峡的一小部分。河岸遍布盐沼地，即便沿着曲折的河道往上走很久，依然能感受到潮汐的律动，闻到海水的苦味，这律动和苦味都在为海洋做代言。

洄游的鲱鱼中，有些才三岁，是第一次洄游产卵。有些比它们大一岁，是第二次洄游到这条河的上游产卵。能游到这里的都是最善游的，它们不仅要经历河流的百转千回，还要躲开冷不丁出现的渔网。

那些三岁大的鲱鱼对这条河的印象非常模糊，这里的"印象"一词倒不是说鲱鱼像人类一样拥有记忆，而是说它的鳃和侧线能敏锐地感知近海水体盐度差异及水流节奏与振动的变化，并能据此迅速做出反应。三年前，它们离开这条河，顺流而下抵达河口，在秋风飒爽之时游入大海，那时的它们几乎还没有人手指头长。尔后它们在海里畅游，以小虾米和片足类为食，全然忘记了这条河。它们的足迹遍布世界各地，其无人能寻。也许它们在水面以下温暖的深海过冬，在大陆边缘出没，在微弱的暮光之中养精蓄锐，偶尔到一片黑暗且宁静的深海里游一遭。到了夏天，也许它们会到开阔的海域巡游，捕食丰富的浮游食物，在闪亮的鳞片下长出一层层壮实的白色肌肉，储备肥美的脂肪。

地球三次穿过黄道带，期间鲱鱼在大海里自如巡游，它们的航线只有鲱鱼自己知道，也只有它们自己才会去追随。到了第三年，太阳渐渐南移，海水也跟着慢慢变暖，鲱鱼敌不过本能驱使，终于返回出生地产卵。

这会儿游来的大部分是雌鱼，鱼肚鼓囊囊的，里面全是待产鱼卵。

繁殖季已到末期，洄游的鲱鱼大军早就到了。最先游到淡水河的雄鱼已抵达产卵场，不少满腹鱼卵的雌鱼也一样。第一批到达的鲱鱼中，有些一路逆流而上，游到一百英里处尚未成形的河流源头，那是片黑黢黢的柏树沼泽地。

一条雌鱼每个产卵季会产十万多枚卵。产下的卵中，大约只有一至两条能历经淡水河和大海的重重考验，及时洄游到出生地产卵，但正因为自然选择如此严苛，种群的数量和质量才得以保持稳定。

早在傍晚时分，一位住在岛上的渔夫跟另一位城里的渔夫就动身准备自家的刺网①了。他们在河西岸差不多正对面的地方扎了一张大网，渔网沉入河中，占了很大一块地。所有本地渔民都知道（这秘密由祖父传授给父亲，再由父亲传授给他们），海峡那边来的鲱鱼进入河口浅滩后，常会冲到河的西岸去，而那里没有开放的水道。因此，西岸摆满了建网②之类的固定渔具，而那些使用移动渔具的渔夫得历经好几轮残酷的竞争才能抢到仅剩的几个布网点。

今晚刚安置好的刺网上方有一根长长的牵引线，和建网相连的那头固定在标杆上，而杆底则深扎于松软的河床上。去年渔夫还为此大吵了一架。因为建网主人发现，有些渔夫把刺网布在建网的正下方，于是建网截获的大部分战利品最终都跑到刺网里去了。用刺网的渔夫寡不敌众，只好撤到河口另一边，接下来的捕鱼季都只能在那儿捕鱼。但那里根本捕不到多少鱼，为此他们愤愤不平，咒骂建网渔夫。今年，他们尝试采用黄昏后布网，破晓前收网的策略。建网渔夫日出后才去料理渔

---

① 刺网可固定在河床底部，可拴上浮子后浮在水面，也可布在任何中层水域。但不管固定在什么位置，它在水中都像网球网一样呈垂直状。鱼穿过刺网时，鱼头两旁向外微张的鳃盖会被网眼卡住，因而被困。流刺网会拴上铅垂沉入水底，并随潮水漂移。

② 建网由木桩固定在水下，由网袋、网墙、网圈等部分组成，形如迷宫。建网开口一般在沿海鱼类洄游的通道上，以引导鱼类游入网墙。鱼群一旦进入网口并绕游几圈后，便找不到出口，并因此被捕。

网，而那时候刺网渔夫已把渔网收到船上，开船回下游去了，没有证据证明他们偷偷捕过鱼。

到了半夜，潮水快涨满了。此时浮子开始上游下摆，第一波洄游鲱鱼撞网了。浮标线剧烈抖动，好几个浮子被拽入水下。一只四磅重的雌鲱鱼一头扎进刺网的网眼中，正奋力挣脱。它对着渔网猛冲，网线环口顺势滑入鱼鳃，勒紧了纤细的鳃丝。勒紧的网线好似灼烧的卡颈圈，它再度挣扎想要逃脱，可"卡颈圈"却好似一个看不见的恶魔，使它进退不得，既无法游到上游，也无法回头找寻它之前游过的河口。

那晚，浮标线上下抖动了好几个回合，很多鱼都被刺网困住了。鱼原本借鳃盖的张合，用嘴吞入新鲜海水再运输至鳃丝，而网线扰乱了鳃盖原本的张合节奏，因此大部分鲱鱼一点一点地窒息而死。有一次浮子颤动得异常剧烈，一连十分钟都被拽在水面下。原来是一只潜水鸟——鸊鷉为追捕一条鱼在水下五英尺之处疾速潜游时撞上了刺网，肩膀卡在了网上。它拼命扑腾翅膀，疯狂滑动蹼足，但一切努力都于事无补。很快，鸊鷉就淹死了。它的尸体在刺网上无力地漂摇着，身旁是二十来条银色的鱼身，鱼头齐刷刷地指向上游产卵场，而最早到的那批鲱鱼正在那儿等待着它们的到来。

最早的五六条鲱鱼落网后，伏居在河口的鳗鱼就觉察到，大餐马上就要开始了。从黄昏起，它们就蜷着身子沿着河岸滑行，用吻刺探蟹洞，跟其他小型水生生物一样抓到什么就吃什么。鳗鱼在一定程度上是自力更生的，但要是能逮着机会，也会抢食渔夫刺网里的猎物。

河口附近的鳗鱼几乎全是雄性。幼鳗从出生地大海游到河口后，雌鳗继续溯流而上，但雄鳗则一直在河口周围等待，一直等到它们"将来的伴侣"长得体肥身圆为止。之后，雌鳗会跟雄鳗再度会合，一齐游回大海。

沼泽地水草丛根下的洞口，鳗鱼露出脑袋，身体轻柔地前后摇摆着。它们大口咽下海水，努力辨别其中的味道，它们灵敏的味觉捕捉到了血腥味。此刻，鲱鱼仍在奋力挣脱渔网，鲜血从鳃里渗出来，向水体四周慢慢扩散。一条又一条的鳗鱼钻出洞口，沿着血腥味直奔渔网。

那晚鳗鱼享用了一顿皇家盛宴。渔网里的大多是雌鲱鱼，满腹鱼卵。鳗鱼用尖牙咬穿鱼腹，将鱼卵悉数吞下。有时它们会钻进鱼腹吃掉全部鱼体，最后把鱼吃得（除鱼体内另外一两条正在咬噬的鳗鱼外）只剩空空的皮囊。像鳗鱼这样的猎食者，平日里根本活捉不到在水里肆游的鲱鱼，享用此等大餐的唯一机会就是去刺网里抢。

夜越来越深，涨潮期已过，游向上游的鲱鱼渐渐变少，刺网也捕不到新鲱鱼了。借着回流向海的潮水，一小撮退潮前被捕但没被完全卡死的鲱鱼重获自由。逃脱刺网的幸运儿中，有些被建网的牵引线吸引，顺着小网眼的渔网网墙游入建网的中心，随即被困在网笼里。但大部分都溯流而上几英里，在上游休憩，直到下一次涨潮。

竖立在小岛北岸码头上的标杆露出两英寸长的湿水印，这时渔夫拿起提灯和一对船桨，走下码头。渔夫沿路发出的各种声响打破了夜空的寂静。他穿着靴子向码头走去，脚步颇为沉闷，把船桨安到桨架时发出咯噔一声巨响，划动船桨时激起巨大水花。他要开船去镇码头接他的搭档。小岛又静谧了下来，等待新的一天到来。

尽管东方的晨光还没亮起，可笼罩着海水和空气的那片黑暗却明显淡了些。跟半夜时的黑暗比，此时的黑暗已远没有那般坚不可摧。一阵清风从海峡东边吹来，吹动退去的潮水，在海滩上激起朵朵小浪花。

大多数剪嘴鸥都离开了海峡，顺着海湾飞到了外堤岸。只有行文开头的那只灵俏还在。它似乎一直环着岛飞，一会儿飞到沼泽地，一会儿飞到布满鲱鱼渔网的河口，绕一大圈再飞回来，乐此不疲。它又一次穿过海峡往河口飞去，这会儿天亮了，远处有两名渔夫正调整船舵，好停靠在刺网的浮标线旁。此时，他们正站在船上铆足劲儿拉渔网下的锚线，而白茫茫的雾气从水面那头飘来，环绕在他们周围。锚拉上船时还顺带扯了把川蔓藻，随后才被抛到船底。

灵俏在水面上方低飞，往上游飞了一英里后调转方向，绕着沼泽地飞了一大圈，最后又飞回了河口。飘来的晨雾里沁着浓浓的鱼腥味和水草味，水面那头渔夫的叫嚷声也清晰可辨。他们一边咒骂一边用力捞起刺网，一一取下上面的鱼，然后把滴水的渔网堆叠在小船平整的底板上。

灵俏飞过小船继续往前，振动了五六下翅膀。此时，一名渔夫用力向外掷了个东西——原来是个鱼头，头上似乎还连着壮实的白色脊椎骨。那是鳗鱼大餐后啃剩的雌鲱鱼骨架，除了鱼头，只剩鱼骨。

它飞回河口又遇到了渔夫一行人，他们正乘着退潮潮水往下游开去。渔网边有六七条鲱鱼，其他的都被鳗鱼啃得只剩鱼骨架了。海鸥已在布过刺网的水面旁聚集，面对渔夫抛弃的美食，尖叫着，无比雀跃。

海水穿过海峡，退向大海，退潮节奏很快。此时，东方的晨光穿透云层，迅速掠过整片海峡。灵俏转过头，朝着退潮的方向，飞向大海。

第二章 春季迁徙

那晚，大批洄游鲱鱼穿过海湾游入河口，而成群的候鸟正向海湾区飞来。

破晓时分，潮水退到半潮水位。离岸沙洲岛海滩的深色水域附近，两只小三趾滨鹬①追着落潮的碎浪薄边儿一路奔跑。它们是体型修长的小型滨鸟，身披灰赭相间的羽毛，两只黑脚丫在坚硬的砾石沙滩上轻快地奔跑，沙滩上有好些被海风卷上来的泡沫浮渣，好似蓟种子的冠毛。昨晚飞来了一大群来自南部的候鸟，一共有好几百只，这两只小三趾滨鹬是这群候鸟中的两只。天黑时，候鸟在大沙丘背风处休憩。现在天色渐亮，退潮开始，受此吸引，候鸟群往海边飞去。

这两只小三趾滨鹬正在湿沙滩上寻觅小型薄壳甲壳类动物，兴奋之余，连昨晚的长途迁徙也抛之脑后了。此时此刻，它们还忘了一点，过不了多少天，它们就得飞到一个遥远的地方——那里有一大片冻原、雪原湖，还能看见子时的太阳。这群候鸟的领袖名叫大黑脚，这是它第四次从南美洲最南端飞到北极区的繁衍地。它才两岁大，但在这短短的时间里，它追逐太阳从地球南端飞到北端，每年春秋两季各飞行八千多英里，总共已飞越六万多英里。湿沙地那边和雄滨鹬大黑脚一块儿奔跑的那只小雌滨鹬才刚满一周岁，叫它银巴儿好了。这

---

① 三趾滨鹬是一类体型较大的滨鹬，在海岸线一带栖居的滨鹬当中颇具代表性。它们的迁徙路线是最长的候鸟迁徙路线之一，在北极圈筑巢，随后到南美的巴塔哥尼亚（Patagania）过冬。

是它第一次迁徙回此地，九个月前它离开北极时还只是羽翼刚丰的幼鸟。和其他稍大的三趾滨鹬一样，银巴儿已换下珠银色的冬羽，披上肉桂色和赭色交相辉映的新羽。所有小三趾滨鹬回第一故乡时都会披上这款颜色的"斗篷"。

大黑脚和银巴儿踩着碎浪花儿，四处寻觅沙虫①（sand bug）和鼹蝉蟹②（Hippa crab），后者的洞穴遍布海滩，彼此联结，好似蜂巢。潮间带所有食物中，三趾滨鹬最爱吃的就数这种小小的卵形鼹蝉蟹。每次浪花退去，深浅不一的蟹洞便在湿沙滩上露出来，个个都冒着气泡。三趾滨鹬只要反应够快、步子够稳，就可以用喙一口刺入蟹洞，赶在下个浪花扑来前叼出鼹蝉蟹。不少鼹蝉蟹被一波波轻快的浪花冲刷出来，在湿乎乎的沙滩上翻腾打滚，摸不着北。常常还不等它们挣扎着爬回蟹洞，三趾滨鹬就捷足先登逮住了它们。

银巴儿步子紧跟着退去的浪花，看到两枚亮闪闪的气泡正要顶开沙土，它知道底下有蟹。尽管它盯着气泡看，但余光依然扫到了远处即将成形的浪花。眼看着浪花澎湃着朝沙滩扑来，它急忙估摸浪花的行进速度。低沉的浪花声中，它听见了轻柔的嘶嘶声，浪尖就要冲上沙滩了。正当时，沙滩上露出了鼹蝉蟹的触须，上面覆着绒毛。银巴儿在绿色水丘浪尖的正下方兴致勃勃地奔跑着，边跑边在湿沙滩上刺探，它张着喙，一口叼出鼹蝉蟹。赶在海水还没沾湿双腿前，它急忙转身冲往沙滩高处。

阳光依然水平地照在海面上，其他三趾滨鹬也加入大黑脚和银巴儿的行列。不一会儿沙滩上就挤满了这些小滨鸟。

---

① 沙虫是一种穴居环节动物，幼虫光裸星虫。周身光滑无毛，呈长筒形，形似肠子，体长10~20厘米。生长在沿海滩涂，可食用。

② 鼹蝉蟹分布在新英格兰到墨西哥大西洋滨海潮间带。它们像鼹鼠那样喜爱掘沙，故得此名。蟹身呈卵形，黄白色，带淡紫斑纹，壳长约4厘米。

一只黑顶燕鸥①正沿着海浪线飞来，它微微颔首，双目圆睁，监察水里鱼群的游动情况。个头小的滨鸟受惊后有时会放弃到手的猎物，因此海鸥密切留意着三趾滨鹬的一举一动。当它看到大黑脚敏捷地冲入海浪捉住了一只鼹蝉蟹后，便俯身准备威吓，发出一连串刺耳的尖叫——

啼——啊——啊！啼——啊——啊！

彼时，三只滨鹬正集中精力思考该如何规避突如其来的海浪，同时不让喙里叼着的大螃蟹跑掉。这只个头有三趾滨鹬两倍大的白翼燕鸥一俯冲，顿时把它吓得猝不及防，它"啾唧，啾唧"地尖叫着，赶忙腾空而起，绕着海浪转圈。身后则是高声尖叫的燕鸥，一路穷追猛赶。

论绕飞和侧飞的功力，大黑脚跟燕鸥可以说是旗鼓相当。这两只海鸟扑腾、扭捏、旋转着，时而扶摇直上，时而钻入海浪，身影消失在碎浪中，叫声也湮没在沙滩边三趾滨鹬群的嘈杂声中。

正当燕鸥追着大黑脚疾速升空时，它瞥见水面上出现了一丝微弱的银光。它低下头，以便更精准地定位新猎物的位置，此时它看到碧绿的海水中闪现出一丝丝银色斑纹，那是一群正在觅食的银边鱼反射太阳光后形成的。燕鸥立即转身，垂直扎向水面，好似石头落入水面一般。虽然它的身体不过几百克重，但入水时发出一声闷响，同时溅起了巨大的水花。不到几秒钟的工夫，它便钻出水面，嘴里叼着一只鱼。燕鸥为水里的银光激动不已，早就把大黑脚忘在一边了。而此时此刻，大黑脚已回到海岸，加入到觅食的三趾滨鹬群中，继续跟往常一样为觅食奔忙。

潮水转向后，海里涌现新一轮更猛烈的涨潮水。海浪涨得更高，浪花击岸时也更猛烈，这些信号都向三趾滨鹬发出警戒：在海滩边觅食

---

① 燕鸥也是颇具代表性的滨鸟。它们的标志性特征是飞行时习惯低头，以便扫视海面观察海鱼动向，然后潜入海中捕鱼。燕鸥群十分庞大，常在独立沙滩或近海岛屿筑巢。

已不再安全。于是，三趾滨鹬盘旋升空，向大海飞去，它们翅膀上的白色条纹若隐若现，这些条纹是它们的独有特征，跟其他滨鹬都不一样。它们掠过浪尖低飞，往沙滩上飞去，飞到了一处名叫舰之沙洲（Ship's Shoal）的小岛。多年前，海水曾从这里漫过离岸沙洲岛，涌至海峡。

这里海湾的沙滩与海床持平，从海峡南面一直延伸到北面。沙地宽阔而平坦，是滨鹬、鸻鸟①等其他滨鸟最喜爱的休憩场所。同时它也深受燕鸥、剪嘴鸥和海鸥的喜爱。这些滨鸟靠海觅食，但平日喜欢聚集在海岸和沙嘴休憩。

那天清晨，各路海鸟云集海湾沙滩，它们在此休憩，等候潮水转向，好再次觅食，在小小的身躯内储备够北上之旅所需的能量。时值五月，正是滨鸟春季大迁徙的高峰期。几周前，海鸟便已离开海峡。最后一批雪雁（snowgeese）早已启程北上，它们飞过时，好似天空中的小云朵。此后，大潮小潮已轮替了两次。秋沙鸭（merganser）二月就已开始迁徙，它们将去寻觅北部湖泊第一片消融的冰。紧接着就轮到了帆背潜鸭（canvasback），它们离开河口的伞形河床，尾随着撤退的冬日一路向北。与此同时，其他海鸟也已启程，有黑雁②（brant，它们专吃铺满海峡浅滩的鳗鱼草）、敏捷的蓝翼野鸭③（blue-winged teal）、小天鹅（whistling swan），它们轻柔的叫声在空中此起彼伏。

接着，雄鸻鸟求偶的呼叫声开始响彻山丘，而杓鹬④清脆柔美有

---

① 鸻鸟虽然是滨鸟，但一般而言，不会像滨鹬一样在海浪线活动，而是待在沙滩高地。与滨鹬的另一不同点是它们奔跑时头是抬着的，只有捕食时脑袋才会突然扎下去，而不像滨鹬那样一直低着头刺探啄食。鸻鸟在加拿大和北极圈筑巢，在智利南部或阿根廷一带过冬。

② 滨海海湾的浅滩是这些黑雁的绝佳觅食场所。黑雁最喜爱的食物是鳗鱼草的根及茎末端，它们会等海水足够浅时，将鳗鱼草连根拔起。它们的迁徙路线的起点是弗吉尼亚州和北卡罗来纳州，终点是格陵兰岛和北极极地岛。

③ 蓝翼野鸭个头虽小，却是数得上的身手最敏捷的野鸭之一。

④ 杓鹬体型大、喙长，与滨鹬同属一大类。它们在太平洋的南美洲沿岸过冬，经太平洋海岸或中美洲，或经佛罗里达州和大西洋海岸抵达北冰洋沿岸哺育。

节律的叫声则传遍盐碱地。夜空中，朦胧的身影穿行而过，轻柔如管乐，几乎听不见的振翅声传入早已进入梦乡的夜空下的渔村。而此时沙滩和沼泽地上的滨鸟则沿着祖传的空中路线一路向北，追寻它们的繁衍地。

海湾沙滩上的滨鸟沉沉睡去，沙滩变为其他狩猎者的乐园。最后一只滨鸟躺下休息后，一只沙蟹①（ghost crab）从高潮线上方松软白沙间的沙洞里冒了出来。它八条腿腿尖着地，迅速穿过沙滩，在一大团海藻前停了下来。海藻是被晚潮冲上来的，离白天银巴儿所站之处还不到十几步，而当时的银巴儿身处三趾滨鹬群的边缘。这只沙蟹周身乳黄，由于体色与沙子过于相近，它站立不动时几乎是隐身的，只有它那两颗黑鞋扣一般的眼睛特别扎眼。银巴儿看到沙蟹正蹲伏在海藻堆后面，海藻堆里有海燕麦残株、海草叶和海莴苣。沙蟹静候着，期待某只海蝗虫或沙蚤②（beach flea）一时大意，暴露自己。沙蟹知道退潮时沙蚤会躲进海藻，在里面翻拣腐烂的废料。

没等潮水再涨一拃，就有一只沙蚤从海莴苣③（sea lettuce）丛间的一片绿叶下爬出，它双腿用力一蹬，纵身跳过一株海燕麦的茎秆，那麦秆和倒下的松树一般高。沙蟹伺机出动，像猫一样猛扑过去，用大钳爪（又称螯）钳住沙蚤，然后一口吞下。接下来的一小时里，它轻手轻脚，在一个又一个有利地点间游移追踪猎物，抓了好多蝗虫吃。

又过了一小时，风向变了，海风从海上斜着吹来，吹过海峡。滨鸟

---

① 沙蟹，一种大型蟹，体色几近透明。常见于新泽西州、巴西，以及南部海滩。它们十分机警，爬动快，速度可超过跑步运动员。它们通常在潮际线以上的沙沟生活，洞穴约有三英尺深，必要时才游入大海。

② 沙蚤，同sand flea。这一小型甲壳类动物是滨海重要的食腐动物，它们能及时清理死鱼、死虾及各种有机废物。拨开潮水海藻，往往会蹦出十几只沙蚤，它们体长通常不超过一英寸，弹跳速度快。多见于浅滩、湿沙地或海藻丛中。

③ 海莴苣，一种亮绿色海藻，叶片宽大而扁平，叶状体薄如纸片，常见于暴露在海浪汹涌的礁石区。

纷纷扭转身体，好正对海风。这时，它们看到浪尖上有一大群燕鸥（约有几百只）在捕鱼。此时此地，一群小银鱼正穿过海峡往海里游，燕鸥则不断入水出水，一眼望去，海面上到处扑腾着燕鸥的白羽翼。

舰之沙洲沙滩上的滨鸟听到高空传来一阵阵乐音，那是一群又一群在高空疾速飞过的黑腹鸻鸟的叫声。它们还看见长嘴半蹼鹬①（dowitcher）排着长队往北飞去，这番场景共出现了两次。

正午时分，白翼燕鸥飞回山丘，而一只雪鹭②（snow egret）正摆动着它黑色的大长腿。它降落在沙丘东端和海湾沙滩间被沼泽半包围着的池塘边上。池塘名叫鲻鱼塘（Mullet Pond），多年前，池塘比现在大，那时鲻鱼会隔三差五地从海里游至此处，故得此名。每天，小白鹭都会来池塘捉鱼，捉鳉鱼或其他从它身影下穿过的米诺鱼。有时，它也能捉到其他大型鱼的幼崽，因为每个月潮水涨到最高点时，海水会漫过海滩，带来各类海鱼。

中午，池塘安静无声，仿若睡去。在绿色沼泽草的映衬下，白鹭分外显眼，它全身雪白，黑腿纤细修长，肌肉绷紧着，一动不动。别说一丝涟漪，就是涟漪的影子都逃不过它的视线。这时，八条浅白的米诺鱼排成一队在塘底淤泥的上方游着，投下八抹小黑影。

白鹭看准了这个庄严的小鱼队，它扭转长脖，好似蜷曲的蛇身，猛向下扎去，可惜领头的那条没啄到。米诺鱼随即惊慌四窜，白鹭扑打着翅膀，激动得四下飞奔，清水瞬时变浑。尽管付出了诸般努力，它最终却只捉到了一条米诺鱼。

一艘渔船驶近海峡岬角，船底与沙滩摩擦发出刺耳的声响。而此时白鹭已捉了一小时鱼，三趾滨鹬和鸻鸟则睡了三小时觉。渔船上有

---

① 长嘴半蹼鹬是滨鹭大家庭中的一员，个头中等、喙纤长，迁徙时多见于大西洋沿岸。
② 雪鹭，经常被形容为"最小巧玲珑、最优雅"的白鹭。雪鹭跟小蓝鹭有几分相像，但可通过其黄色鹭脚辨别。雪鹭曾因哺育期换上绝美羽翼而惨遭捕杀，几欲灭绝。

个壮汉跳进水中，准备借着涨潮水的推力将拖网拽上浅滩。白鹭抬起头，侧耳倾听。白鹭透过池塘靠海峡那端的海燕麦边缘向远处望去，它看见一个壮汉沿海滩向海湾走来。它惊恐不已，脚踩淤泥使劲一蹬，扑腾几下翅膀后就飞到了一英里以外的白鹭群栖地。沙滩上有好些滨鸟正吱吱叫着，往大海奔去。此时一大群海鸥在上空盘旋，形成了一个噪声云，好似几百张纸片被抛入海风中一般。三趾滨鹬预备跑路，它们的翅膀整齐划一，恍若一只巨鸟，飞过岬角，直到飞离沙滩快一英里处才停下来。

沙蟹本来还在捉沙蚤，它看到沙滩上急速移过好些黑影，那是头顶的滨鸟飞过时投下的。滨鸟的骚动令它惊惶不安。可现在它离自己的小窝很远。它看见渔夫正朝沙滩这边走来，于是急忙遁入海浪，宁愿用这种方式避难也不愿逃走。可附近刚好潜伏着一条海峡鲈鱼（channel bass），不一会儿沙蟹就被它捉住吃掉了。当天晚些时候，鲈鱼遭到鲨鱼群夹击，被吃得只剩骨架，骨架随后被潮水冲上了沙滩，被成群的沙蚤和沙滩边的食腐动物啃食一空。

暮色渐浓，三趾滨鹬又回到舰之沙洲休憩了。它们听见空中传来杓鹬温柔的振翅声，这群杓鹬从盐碱地那儿飞来，起码有几千只，它们要飞到海湾沙滩上过夜。这些巨型滨鸟的举止和声音都让银巴儿感到不安，于是它靠到几只较年长的三趾滨鹬身旁。天黑后，密集的杓鹬群排成"人"字形，陆陆续续飞抵沙滩，持续了足足一小时。这种棕黄色的大块头弯嘴鸟每年北徙路上都会在此停留，捕食淤泥滩和沼泽地上的招潮蟹[①]（fiddle crab）。

几步之外，几只个头不及人指甲盖大的招潮蟹正穿越沙滩。它们的

[①] 招潮蟹，是一种小型的群居动物，多分布在沙滩或盐沼地。雄性招潮蟹的一只螯爪显著大于另一只，可用作攻防武器。但拥有巨螯对雄性招潮蟹而言也是一种劣势，因为这样它便只能用单只螯捕食，不像雌性那样可以两只兼用。

脚步声好似海风吹拂海沙发出的嘶嘶声，连在三趾滨鹬群边缘休憩的银巴儿竟也没留意到它们经过。它们蹚水进入浅滩，身体浸泡在清凉的海水中。沼泽地上停满了杓鹬群，对招潮蟹而言，这真是充满焦虑和恐惧的一天。每隔几分钟，就会有滨鸟在沼泽地停落，投下一片阴影，也会有杓鹬沿着海岸线走来，一看见它们，小招潮蟹便吓得四下乱窜，好似被赶散的牛群一般。彼时，几百只杓鹬在沙滩上来回奔走，脚步声宛若硬纸板翻转时发出的咯咯声。大批招潮蟹都已飞奔回自己的洞穴，或是任何它们进得去的洞穴。可沙滩上这些狭长、倾斜的通道并不算牢靠的庇护所，因为杓鹬弯弯的喙轻易就可以探入沙地深处。

宜人的暮光下，成群的招潮蟹爬到了海岸线以下，它们要在潮水退去后在沙滩水留下的沙沟中觅食。它们用取食螯在沙砾中到处打探，筛食微小的海藻细胞。

蹚入水中的是雌蟹，它们腹部鼓鼓囊囊，里面全是蟹卵。由于蟹卵数量众多，它们爬行起来略显笨拙，几乎无法从天敌手里逃脱，所以一整天都躲在幽深的洞穴中。这会儿，它们在水里游来游去，想要卸去身上的重担。这是它们的本能，跑动的目的是刺激蟹卵囊脱落，卵囊黏附于雌蟹母体，犹如微缩版的紫葡萄串一般。虽然产卵季还早，但有些招潮蟹所怀的卵体已变灰，预示着新生命已准备孵出了。对于这些雌蟹而言，傍晚的退潮期拉开了蟹卵孵化的序幕。雌蟹的身体每动一下，许多卵壳就应声破裂，成群的幼体被猛地释入水体。即便是在浅滩区静水域啃食贝壳上的海藻的鳉鱼都几乎注意不到漂游而过的成群的新生蟹，因为每只从卵壳里释出的幼体都小到可以穿过针尖。

退潮仍在继续，一群群幼体被退潮水卷走，带至海湾一带。当明日第一束晨光悄然来临，照亮水面时，这些招潮蟹的幼体就会发现，它们已来到远海这个陌生的世界。它们必须独自克服海中的诸多危险，而除了每只蟹生来具有的自卫本能之外，别无其他帮助。大多数会失败。幸存的那些招潮蟹在经历好几周的探险之旅后，会迁至某个遥远的滨岸。那里，潮水会给它们带来丰富的食物，湿地水草会成为它们的庇护所。

剪嘴鸥追逐着，嬉闹着，海湾口内外叫声连成一片，给夜晚添了几分嘈杂。夜月下，湾口映出一条白色光道。剪嘴鸥南下过冬时，许多会飞至委内瑞拉和哥伦比亚，因而三趾滨鹬经常在南美洲见到它们。而相较三趾滨鹬，剪嘴鸥属热带鸟类，它们对滨鸟所属的白雪世界一无所知。

哈德孙湾（Hudsonian）杓鹬飞行高度相当高，空中时不时传来它们的叫声，持续了整整一晚。在沙滩休憩的杓鹬被吵得烦躁不安，有时还会回应几句悲号。

这晚是圆月夜，朔望潮就发生在这夜。涨潮时，潮水涨至沼泽地深处。而退潮时潮水拍击码头地板，潮水推力巨大，把船锚都勒得紧紧的。

海面上闪烁着月亮摇曳的银光，引得许多枪乌贼①浮上海面。枪乌贼在海里游弋，双眼注视着月亮，月光照得它们目眩神迷。它们轻柔地将海水吸入，再喷射而出，以此推进身体，往背离月光的方向游去。也许是月光麻痹了它们的感官，蛊惑了它们。它们不知自己正向危机四伏的浅滩前行，直到粗糙的沙砾重新唤醒了它们的感官。可这些不幸的枪乌贼仍然继续往浅滩游去，而且泵水泵得越发用力，几乎就快从浅滩最浅处游到潮水刚刚退去的沙地上了。

早晨，成群的三趾滨鹬踩着第一缕晨光，走到浪花线一带觅食，它们发现海湾的沙滩上躺满了枪乌贼的尸体。三趾滨鹬并没有在海滩这一带久留，因为即便此刻天刚刚亮，许多海鸟就已聚集于此，争吵着该如

---

① 枪乌贼以游速快、喷溅流及变色能力强著称。在渔业中，枪乌贼通常被用作鱼饵。大西洋沿岸的常见枪乌贼约有一英尺长，多见于滨海水域。

何瓜分枪乌贼。有些是来自墨西哥湾（Gulf Coast）去往新斯科舍半岛（Nova Scotia）的银鸥，它们的行程被风暴天气延误良久，现在都快饿疯了。不一会儿又飞来了十来只黑头笑鸥，它们叫嚷着，悬停在海滩上空，双腿悬垂，似乎正准备着陆。但银鸥尖叫着用喙扎笑鸥，把它们赶跑了。

中午时分，潮水又开始涨了，海上刮起一股强风，吹来了乌云。一层层绿油油的沼泽草在水里招摇，涨潮的海水刚好没过水草枝条的尖端。潮水涨到四分之一后，所有的沼泽草都深深浸在海水中。一些分散在海峡四周的小沙洲在强风裹挟着的朔望潮水中，也被淹没了，它们可是海鸥最喜欢的休憩地。

三趾滨鹬群和其他滨鸟群纷纷躲到沙丘堆背海那一面避险。那儿的沙滩长着不少草丛，恰好可以庇护它们。它们待在庇护所，看到银鸥群犹如乌云一般呼啸而过，掠过翠绿的沼泽草丛。银鸥群一边飞，一边不断调整队形和方向。前方带队的正为眼前的休憩地合不合适而迟疑，后面的银鸥就忽地从后方赶超上前。现在它们总算找到一片沙洲落脚了，可沙洲的面积已缩小到清晨时的十分之一。海水还在继续上涨，它们只好再度转移阵地。伴随着一阵振翅声和尖叫声，这次银鸥群飞近一块牡蛎岩，在其上方盘旋了一会儿。可那儿的水也在涨，深到可以没过银鸥的脖颈。最后，整群银鸥调转方向，逆着狂风飞到三趾滨鹬群附近，跟它们一起在沙丘的庇护下休憩。

受暴风雨所困，迁徙的海鸟全都在等待。它们无法外出觅食，因为海浪太高。庇护角之外的海面上，一阵强烈的暴风雨正在嘶嚎。海滩边上，两只小鸟被风浪的连续猛击弄得目眩神迷，在沙地上跟跄着摔了一跤，爬起后继续摇晃着往前走。对它们而言，陆地是一块陌生的疆域。除了每年光顾南冰洋的小岛、哺育幼崽以外，它们的世界尽是天空海浪。它们就像黄蹼洋海燕①（Wilson's petrel），被几英里外的风暴席卷至此。下午时，一只带棕色斑纹的海鸟飞来此地，它羽翼纤长，喙有如鹰嘴一般锋利，在海峡的沙丘间往复巡视。大黑脚和许多其他滨鸟看见它害怕得连忙俯下身，它便是猎鸥，是滨鸟的天敌，踪迹遍及北方哺育场。猎鸥也跟海燕一样，从远海来此地躲避风暴。

日落之前，天空亮了，海风也平息了。趁天还亮着，三趾滨鹬离开沙洲岛，预备前往海峡。它们转身飞过海湾，身下的海域上交叉着许多条蜿蜒的深绿色水草，一直延伸到水更浅的浅滩区。它们沿着海峡飞行，穿过一条条斜斜的红晶石浮标，又飞过浪花迭起的潮尖，在浪花、潮水激起的漩涡之中穿行，再飞过被海水淹没的牡蛎岩，最后到达小岛，加入到正在休憩的大鸟群中。其中有几百只白腰滨鹬、几只滨鹬，还有带环颈彩纹的鸻鸟。

潮水继续退去，三趾滨鹬在小岛的沙滩边觅食，它们准备黄昏前收工，那时名叫灵俏的黑剪嘴鸥会来。它们熟睡之际，地球正从黑暗转向光明，来自海岸线各个觅食地的海鸟按着候鸟迁徙路线往北飞去。暴风雨过后，气流恢复清新，此时正刮着西南风向的海风，风向通畅平稳。一整晚，夜空中飘荡着各路鸟叫声：有杓鹬、鸻鸟、滨鹬、白腰滨鹬、翻石鹬②（turnstone），还有黄脚鹬。住在小岛上的知更鸟聆听着这些叫声。等到第二天，许多新音调就会出现在它们所哼唱的欢乐小曲儿中，它们或用来取悦配偶，或自娱自乐。

---

① 黄蹼洋海燕，又名暴风雨海燕（Mother Carey's chickens），体型小，夏天飞抵美国海滨，冬天回到南美洲以南的各个海岛（有时南至南极圈）的哺育场。它们跟海燕很像，喜欢追随轮船尾波，在海面上舞蹈。

② 翻石鹬的外形令人过目难忘，它们羽翼色泽明亮，黑、棕、白三色混搭颇为惹眼。之所以得名翻石鹬，是因为它们惯常爱用短喙翻拨石头、贝壳及海藻，寻找沙蚕或其他小动物。

离日出还有一小时，三趾滨鹬群聚集在小岛的沙滩上，轻柔的潮水在一排排贝壳间往复流动。此时，一小队带棕色斑纹的海鸟遁入暗夜，往北飞去，倏忽间身后的小岛小了许多。

第三章　相约北极

三趾滨鹬群飞抵北方冻土时，那里仍被冬日严寒所笼罩。它们飞至一个形如跃起的鼠海豚（porpoise）的海湾，在瘠地冻原的边缘地带降落。它们是所有迁徙滨鸟中最早到的一批。冰山上还堆积着白雪，雪水随溪流流下山谷。海湾的积雪也尚未消融，冰雪堆积在绿藻丛生的海岸，在潮水的冲刷下起伏扭动、发出嘎吱声。

但白昼越来越长，冰山南坡的积雪已初见消融，山脊处的积雪层在海风的吹刮下也薄了不少。雪下棕色的土壤和银灰色的石蕊（reindeermoss）显露出来。开春以来，这是蹄子锋利的驯鹿第一次不用刨雪就能吃到它们。中午，白羽猫头鹰扑着翅膀穿过冻原，透过岩间许许多多的小冰泉，它可以看见自己的倒影，不过到了中午以后，水镜蒙上霜冻后就看不见了。

柳雷鸟[①]（ptarmigan）的脖颈周围冒出了一团团赭色的羽毛，狐狸和貂的大白袍下也长出了棕黄色的绒毛。雪鹀（snow bunting）齐足跳跃，鸟群一天天壮大起来。柳枝上的嫩芽臌胀着，露出阳光下初醒的一抹绿。

候鸟热爱暖阳，热爱碧绿色、翻腾不息的海浪，时下它们却找不到什么吃的。三趾滨鹬可怜兮兮地聚集在几株矮生柳树下，其后的冰碛挡住了凛冽的西北风。它们暂以虎耳草新芽为食，等积雪消融后，北极冰

[①] 雷鸟，外形酷似松鸡，在南北极地冻原一带生活。冬天，暴雪影响冻原的食物供给时，它们会大规模迁徙至内陆河谷。偶尔能在缅因州、纽约州及其他北部各州见到它们。

泉就会带来丰富的可食动物。

但冬天尚未过去。三趾滨鹬回归北极的第二日，阳光微弱、空气昏沉。云朵在冻原和太阳间回旋，云层渐厚。到了中午，天空已聚满积雪云。海风自远海和冰川吹来，带来清苦的气流，气流在旋转中前行，一进入较暖的平原后便凝结成雾。

昨天和一大帮小伙伴躺在秃岩上晒太阳的那只旅鼠阿文嘎（Uhvinguk），这会儿跑进了洞穴。穴口通往硬冰碛深处凿出来的曲折地道。阿文嘎穿过地道，进到一排排小洞中，那里即便仲冬也很暖和。那天傍晚，一只白狐抬着爪，在旅鼠的洞穴口停了下来。万籁俱寂，白狐敏锐的耳朵捕捉到了小爪子从地道爬过的响声。在春天里，白狐会顺着积雪撬开了许多旅鼠穴，吃旅鼠吃到撑。不过现在它倒不饿。不到一小时前，它路过一株柳树丛，扯去几根嫩枝后发现一只柳雷鸟，于是便宰杀吃掉了。所以今天它只听了听，也许只为打消心头疑虑——看来自从它上次路过到现在，鼬还没突袭过旅鼠部落。于是它转身顺着其他狐狸留下的足迹轻手轻脚地走了，甚至都没停下来看一眼冰碛背风处挤成一团的三趾滨鹬。它穿过冰山，来到远处的山脊，那是狐群聚居地，窝里住着三十只小白狐。

当晚，太阳正要从厚厚的积雪云背后落下去时，第一片雪花正从空中飘落。不一会儿，狂风四起，大朵的雪花倾泻到冻原上，好似暴发了一场冰洪，一下就穿透了最厚实的羽毛和最保暖的毛皮。在肆虐的海风面前，雾气还来不及飘到瘠地就消散了，但积雪云还在，比刚刚飘散的雾气还厚，还白。

银巴儿（就是那只幼年雌三趾滨鹬）还从未见过雪。它十个月前离开北极，一路追随太阳往南飞，飞过黄赤交角，一直飞到阿根廷的草原和巴塔哥尼亚的海岸。这会儿，它正蹲伏在矮生柳树丛下，眼前白雪茫茫，根本看不到大黑脚，而实际上，银巴儿只需跑二十步就能来到它身边。三趾滨鹬面朝暴风雪，而四面八方的其他滨鸟则面对狂风。它们紧紧依偎在一起，翅膀挨着翅膀，身体蹲伏着，用体温保护双脚不被冻伤。

如果暴风雪来得没那么猛烈，或是没有从当晚一直下到第二天，伤亡可能会少些。一整晚，雪花一寸寸堆叠起来，把溪谷都占满了，靠近山脊的那边，白而软的雪花积得更高。从冻原开始，雪海一点点扩张，一直向南蔓延到几英里之外，都快到达森林的尽头了。漫天飞雪之下，山丘变平坦了，溪谷也被填平了，平铺无尽的雪白厚得让人害怕，一个陌生的世界就这样建成了。第二天，在紫红色的暮光下，降雪小了些。暗夜里充斥着狂风的怒号，此外一片寂静，没有谁敢现身。

暴风雪夺走了许多生命。两只雪鸮（snowy owl）的巢穴惨遭暴雪袭击，它们的巢深藏于山坡一处凹陷的沟壑内，离庇护三趾滨鹬群的柳树矮林不远。母雪鸮产了六枚蛋，已孵化了一周多时间。暴风雪第一晚把它吹得够呛，雪花在它周身堆积，身下好似坐出了个河床涡穴。一整晚，母雪鸮都守护在巢边，用它巨大的身躯给蛋保暖，羽翼上堆了太多雪花，变得毛茸茸的。到了早上，雪花在它爪边飘落，不一会儿便周身是雪了。即便有羽毛御寒，还是敌不过刺骨的严寒。到了中午，天空中依然飘着棉絮大的雪片，雪鸮只剩脑袋和肩膀露在外面了。那天白天，一个如雪花般洁白无声的巨大的身影一连几次飞过山脊，在雪鸮巢上方盘旋。那是雄雪鸮奥克匹（Ookpik），它正用低沉的喉音呼唤伴侣。雌雪鸮都快被冻僵了，翅膀也发沉，听到呼声后，它起身抖了抖，花了好几分钟才从雪堆里钻出来，一瘸一拐地从四周雪白的巢里走出来。雄雪鸮对它咕咕叫了几声，那是雄性叼旅鼠或幼年雷鸟回巢时发出的叫声。从暴风雪开始到现在，它们俩一直都没吃过东西。雌雪鸮刚想起飞，就狠狠地倒落在雪堆上，它的身体太沉重、太僵硬了。直到血流缓慢地回流到肌肉，它才飞起来。两只雪鸮掠过三趾滨鹬的蹲伏地，往冻原飞去。

雪花落在温度尚存的雪鸮蛋上，夜晚更加刺骨逼人的严寒将它们裹住，蛋壳里小胚胎的生命之光熄灭了。绯红色的溪流慢下来了，那本是在血管里奔流的血液，要从卵黄流向胚胎。过了一阵子，细胞生长、分裂的势头慢了下来，直至全部停止，而那些活细胞本要分化成雪鸮的骨头、肌肉和肌腱。小雪鸮那颗大脑袋底下律动收缩的红色小囊顿了一下，接着又间歇性地跳动了几次，最后就停止了。六只即将破壳而出的小雪鸮就这样在暴雪中死去。因为它们的死，也许即将出生的几百只旅鼠、雷鸟或北极兔得以躲过天敌雪鸮发起的空袭。

沟壑上方有好几只柳雷鸟，它们晚上在那儿睡觉，早上却已被埋在雪中。暴风雪暴发的那天傍晚，柳雷鸟顺着纷飞的雪花飞过山脊，它们双腿粘上雪片后就不会留下足迹，这样狐狸就无法按图索骥寻觅它们的巢穴。在生死之战中，弱者要胜过强者就必须遵循某些定律。但今晚，没必要再遵守这些定律了。积雪早已掩盖一切足迹，就连最机警的天敌也嗅不出什么蛛丝马迹。尤其是经过一晚飘雪后，熟睡的柳雷鸟早已被层层白雪覆盖，积雪深得连它们自己都爬不出来了。

三趾滨鹬群里冻死了五只。二十来只雪鸮则跌跌撞撞地飞向雪地边缘，降落时虚弱得几乎站不稳。

暴风雪过后，瘠地上下一片饥荒。柳雷鸟的主食是柳树，而此时大多数柳树都被埋在雪堆里。草籽是雪鸮和铁爪鸫的美食，去年结的草籽枯干得只剩穗头了，如今挂着冰溜子，闪闪发光。而狐狸和猫头鹰的主要猎物旅鼠则待在安乐窝里。以贝类、昆虫及其他沿岸生物为生的滨鸟更是无法在这静谧的世界里找到食物。现在，许多披着皮毛或是羽毛的猎手纷纷在夜间出动，夜晚短暂而黑暗，这是典型的北极春夜。黑夜慢慢过渡为白昼，猎手们有的仍在雪地里轻步快走，有的扑腾着翅膀绕着冻原飞翔，因为一晚上捕到的猎物仍不够填饱肚子。

雄雪鸮奥克匹也是猎手中的一员。每年冬天最冷的时候，也就是冰封的那几个月，它都会飞到瘠地以南几百英里的地方去觅食。那里更容易捕到它最爱的猎物，即小型灰色旅鼠。暴风雪期间，奥克匹寻遍平原和朝海山脊也找不到一个活物。但今天，许多小生物开始在冻原一带复苏。

溪流东岸，一群柳雷鸟发现了几截露在雪堆外面的嫩柳枝。这些枝条原先是灌木丛的一部分，要不是被雪盖住，原本有瘠地驯鹿的鹿茸那么高。这会儿，柳雷鸟已能轻松够着最高的枝条，它们用喙啄下嫩枝吃了起来。在春天柔软的新芽萌发前，这些嫩枝已算是顶好的美味。整群柳雷鸟几乎都还披着冬日白羽，只有一两只雄鸟露出几根棕羽，预示着盛夏与交配季的临近。柳雷鸟披着冬装在雪地里觅食时，除了它黑色的喙、滴溜溜转的眼眸子和飞翔时显现的几根尾羽之外，周身雪白，别无其他颜色。要是距离较远，就连它的宿敌狐狸和猫头鹰都辨认不出，不过它们也同样穿着自己的保护色。

奥克匹前往溪谷的路上，看到柳树丛中有闪亮的黑球，那是柳雷鸟的眼睛。白衣天敌飞近了些，几乎与灰白的天空浑然一体。白色猎物尚未受惊，继续在雪地前行。接着"嗖"的一声，翅膀扑腾而过，雪地瞬时化开一抹红晕，红得好似刚下的、蛋壳色素还未干透的柳雷鸟蛋。奥克匹用爪子擒住柳雷鸟，经山脊往高地飞去，那儿是它的瞭望台，有守候它的伴侣。两只雪鸮用喙扯开雷鸟温热的身体，照例连骨头带羽毛一咕噜吞了下去，一会儿再吐出一粒粒小球，那些都是不能消化的东西。

饥饿感一波又一波地袭来，这对银巴儿来说是全新的体验。一周前，它和其他三趾滨鹬在哈德孙湾广阔的滩涂边饱餐贝类。几天前，它们在新英格兰①沿岸大口吃沙蚤，在南部的阳光沙滩尽情吃蝉蟹。从巴

---

① 美国东北的一个沿海地区，由缅因州、新罕布什尔州、佛蒙特州、马萨诸塞州、罗德岛和康涅狄格州组成。

塔哥尼亚出发，八千英里北徙的路上从未缺过食物。

大三趾滨鹬面对艰苦营生则更为耐心，它们默默等待直到退潮，然后领着银巴儿和滨鹬群里其他一岁大的雏鸟到了海湾的冰面上。海滩上堆满了不规则的冰块和冰冻的喷雾，好在最近一次退潮卷走了一些浮冰，海滩上露出了一片空地。空地上已聚集了几百只滨鸟——这些都是方圆几英里内，在暴风雪中幸存的早徙鸟。它们密密麻麻地挤在一起，使得三趾滨鹬差点儿连块落脚的地方都找不到。滩涂上的每寸土地都已被涉禽的喙翻挖过了。银巴儿啄开硬泥深处，找到了几只像蜗牛一样蜷曲的贝壳，不过壳是空的。它又跟大黑脚和其他两只一岁大的雏鸟飞到一英里外的海滩上，但那里的冰面和滩涂地都被积雪裹得严严实实，根本找不到食物。

这几只三趾滨鹬试图在大冰块四周觅食，依然徒劳无功。一只乌鸦，名叫图拉嘎（Tullugak）。它从头顶上方飞过，用力振翅飞往海滩上方。

"嘎——啦——啦——啦——嘎！嘎——啦——啦——啦——嘎！"它嘶叫着，嗓音沙哑。

为了找食物，图拉嘎在方圆几英里内的海滩和冻原一带巡逻。几个月以来，乌鸦赖以生存的动物腐尸要么被雪覆盖，要么被迁移的海湾冰带走。这会儿，它发现了一具驯鹿残骸，那是极地狼在早上剿杀驯鹿后吃剩下的。它呼唤其他乌鸦一起享用。远处，三只全身乌黑的鸟正轻快地在海湾冰面上行走，其中一只是图拉嘎的配偶，它们准备捕食鲸残骸。图拉嘎和它的同伴们一年到头都在海湾附近生活，这头鲸几个月前在海岸搁浅，几乎为它们提供了一整个冬天的伙食。暴风雨刮出了一条通道，游移的浮冰把死鲸推进通道，通道口就此堵住。听到图拉嘎欢迎取食的召唤后，三只乌鸦立即飞向空中，跟着它往冻原飞去，去啄食驯鹿骨头上残存的一点肉屑。

第二天晚上，风向转变，冰雪消融奏响序曲。

雪毯子一天天薄下去。雪毯之下露出一个个不规则的大洞。有的是棕色的，那是裸露出来的泥土，也有绿色的，那是碧潭，上面还漂着些碎冰。山坡上的涓涓细流汇聚成了小溪，小溪又逐渐壮大成了奔腾的水流。北极把融化的雪水送入汪洋大海，销蚀盐冰的棱角和沟槽，灌满了海滩沿岸一汪汪的小潭。湖泊外沿溢满清澈的冰水，新生命纷纷涌动起来。细腰蚊（crane fly）和蜉蝣的幼虫在湖底淤泥中翻动，北国的无数蚊虫幼体也在水体中蠕动起来。

随着浮冰的消融，低洼地的草地被水淹没了。旅鼠曾凿出几百英里的地道，将北极地下世界变身蜂巢，可如今它们的洞穴也无法居住了。那些安静的地道，那一排排宁静祥和的洞穴曾抵御过严冬最猛烈的暴风雪，如今却只得见识洪流漩涡有多可怕。逃出洞穴的旅鼠几乎全都躲到了高山岩或砾石山脊上。它们的毛皮是灰色的，身体胖乎乎的，一个个躺着晒太阳，马上就把黑暗可怕的逃难往事忘到九霄云外。

每天都有几百只南部来的滨鸟迁徙至此，冻原上除了雄猫头鹰低沉的叫声外，还能听见狐狸的号叫声。从南部迁徙而来的杓鹬、鸻鸟、滨鹬、燕鸥、海鸥和野鸭的叫声也不绝于耳。还有长腿鹬的嘶叫声，赤背鹬（redback）银铃般的歌声，贝尔德鹬（Bairdsandpiper）尖锐兴奋的呼声。这一切好似雨蛙组成的雪橇铃合唱队，在新英格兰弥漫着浓雾的春日里，啾鸣声响彻大地。

雪地一点点消融，泥土圈一点点扩大。三趾滨鹬、鸻鸟和翻石鹬聚集在冰雪消融后的泥土地上捕获了丰富的食物。只有滨鹬待在冰雪未消融的沼泽地和带保护性窟窿洞的平原一带。那儿的莎草和野草挺立在雪面上，上端是干燥的草籽，风一吹草籽就落下来，供滨鹬取食。

第三章 相约北极

大部分三趾滨鹬和滨鹬会继续远行,到北冰洋上散布的岛屿上筑巢产崽。但银巴儿、大黑脚伙同其他三趾滨鹬、翻石鹬、鸻鸟等其他滨鸟则留在了这里,留在了这个形如跃起的鼠海豚的海湾。

上百只燕鸥准备在附近的岛屿上筑巢,以躲避天敌狐狸。而大部分海鸥则退居到内陆小湖泊沿岸。一到夏天,北极平原上就镶满了这些星星点点的小湖泊。

时候到了,银巴儿终于接受了大黑脚的求爱。这对伴侣一起退到了多石高原,海景尽收眼底。岩石被苔藓和柔软的灰地衣包裹着,是它们最早覆盖了饱受风吹的空旷大地。大地上稀稀疏疏地长着矮生柳树,枝条上鼓着新芽,垂着成熟的荑荑花序。散布的绿丛间,野生石蚕的白花盛开了,花心朝向太阳。山丘南坡有一汪潭水,由消融的雪水和满溢的海水流经古老的溪床汇聚而成。

此时的大黑脚攻击性变强了,它不遗余力地与每一只擅闯领地的雄三趾滨鹬搏击。每次凯旋后,便到银巴儿跟前抖抖羽毛显摆一番。银巴儿一言不发,只见大黑脚跃入空中,振翅盘旋,一边还大声嘶叫。这串动作它通常在傍晚做,那会儿紫色的剪影正好落在山丘东坡。

银巴儿在石蚕丛边上预备筑巢,它不断转动身体,身下就出现了一小块凹槽。它从一株贴地生长的柳树上采集去年的枯叶,一次只啄一片,然后再混搭一些地衣,将枯叶和地衣一起铺在巢底。过了一阵子,柳叶上就躺了四枚蛋。接下来,银巴儿即将进入漫长的警戒期,确保自己的巢穴不被冻原上的任何野生动物发现。

银巴儿与四枚鸟蛋独处的第一晚,冻原传来一种陌生的声音。这些尖锐的叫声不断从阴影中传来,那是它从未听到过的。破晓后,它看见两只鸟,肢体双翼呈深色,它们正贴着冻原低飞。这两只不速之客是北美猎鸥,属海鸥族,它们好似猎鹰,盗杀抢掠。自那时起,它们那好似怪笑的叫声每晚都响彻瘠地。

每天都有新来的猎鸥，有的来自北亚特兰大渔场（它们在那儿靠盗取海鸥和剪嘴鸥的鱼为生），有的来自南半球的暖洋区。此时，猎鸥已成为冻原一霸。它们或单独出动，或三两结伴同行，在开阔地巡飞，伺机猎捕落单的滨鹬、鸻鸟或瓣蹼鹬。离群滨鸟几无抵御能力，轻易就能猎捕成功。有时，它们急转直降，对滩涂上觅食的滨鸟群发起突袭。滩涂区散布杂草、十分广阔，猎鸥想先惊散鸟群，再对单只的滨鸟下手，然后乘胜追击，置猎物于死地。有时，它们会把海鸥赶到海湾，不断折磨它们，逼其吐出捉到的鱼。有时，它们会在岩缝或小石堆间觅食，时常吓到在洞穴口晒太阳的旅鼠，或撞上正在孵蛋的雪鸮。猎鸥通常在岩石林立的高处或山脊歇脚，在那儿它们可以纵览整片冻原的地形地貌——深浅交错的砾石和苔藓，以及地衣和页岩。即便猎鸥视力敏锐，但依然难以发现平原远处躲着的鸟及它们下的斑纹蛋。冻原上的生物都深谙保护色，只有当筑巢的鸟或觅食的旅鼠突然移动时才会暴露目标。

现阶段，一天24小时中，有20小时冻原都暴露在日光下，剩下4小时则在暮光中沉睡。北极柳、虎耳草、野生石蚕及岩高兰借着太阳的能力大力长新叶。这阳光饱满的短短几周，便压缩了北极植物的一生。只有被硬壳保护的种子才能熬过黑暗、严寒的那几个月。

不久，冻原披上了花衣裳。最早开放的是仙女木的白花，接着是虎耳草的紫花，然后是黄色的毛茛草叶。蜜蜂嗡嗡地叫着，在闪亮的黄金花瓣间穿梭，挤进饱满的花蕊中吸食花蜜，每采食一朵花，携粉足就会粘上它的花粉。冻原上下生机盎然、五彩缤纷，正午的阳光吸引蝴蝶纷纷飞出柳树丛，每逢冷风来袭或乌云蔽日时，蝴蝶都会收起翅膀躲回柳树丛。

黄昏过后，日出之前，温和的大地上，鸟儿唱起了最甜美的歌曲。

但在北极瘠地，六月的太阳沉下地平线的时间如此短暂，以至于夜里的每个小时都透着一丝暮光，整晚都能听到铁爪鹀的欢歌，还有角百灵的鸣唱。

六月的一天，一对身轻如燕的瓣蹼鹬①（phalarope）在光洁明亮的潭面漂游，那是三趾滨鹬惯常出没的潭。它们时不时快速划动蹼足，在水面上转圈，然后用针尖一般的喙啄刺搅动出来的浮游昆虫。瓣蹼鹬在南部远海度过冬日，随后便一路尾随鲸群及其变幻鱼群阵（它们是鲸的食物）。进入内陆前，它们选了最远的一条北上的迁徙路线。瓣蹼鹬在山脊南坡筑了个巢，离三趾滨鹬的巢不远。和冻原上的其他鸟巢一样，它的巢也是用柳叶和菜蓟花序编织而成的。随后，雄瓣蹼鹬便接管鸟巢，一连十六天用体温暖蛋，直至小生命孵化。

白天，滨鹬轻柔地叫着，那咕咕咳咳的叫声好似笛音，传到了山丘下。而山顶上，它们的巢藏匿在北极莎草棕色卷曲的草条和仙女木的叶片间。每天清晨，银巴儿都会看到山下有只单飞的滨鹬，它在矮石堆上跌跌撞撞地飞到空中又落下。

它叫克努特斯（Canutus），它欢快地歌唱着，歌声一直传到山顶几英里外的滨鹬耳里，连海湾滩涂上的滨鹬和翻石鹬都听得到。但还有一只滨鹬也听到了，它的回应尤为热切，那便是它的配偶，这会儿它正在山下的巢里孵化它们的四枚蛋。

之后一段时间，冻原上下许多声响都静默下来。因为瘠地的滨鸟都在孵蛋、育雏，同时还要躲避天敌。

银巴儿开始孵蛋那会儿，正值月圆之夜。之后渐亏为新月，成了夜空中的一丝白缝，又渐盈为峨眉月，有圆月的四分之一大。因而此时海

---

① 瓣蹼鹬，小型滨鸟，个头在燕子和知更鸟之间。它虽属滨鸟，但冬徙范围之广使其更像是远海鸟。迁徙时期，瓣蹼鹬在滨海大规模出现，一直南下直到厄瓜多尔。它们是游泳好手，在海上靠捕食浮游生物为食。据说它们还会停在鲸背上捕食海虱。

湾的潮水越发平缓、温和。一天早上，滨鸟趁着落潮纷纷聚集到滩涂觅食，可银巴儿却并未加入它们的行列。因为前天晚上，它胸羽下的蛋整整响动了一夜，那是三趾滨鹬雏鸟啄蛋壳的声音。银巴儿弯下头，静听蛋内声响，有时它会把身体移开一点点，紧盯着鸟蛋看。现在雏鸟都已破壳而出了。

对面的山头，一只拉普兰①铁爪鹀在歌唱，歌声抑扬顿挫、清脆如铃声。它一次次地飞上高空，接着伸展双翼降落，歌声飘扬四方。这只小鸟在瓣蹼鹬潭边筑了个羽巢，它的配偶正在孵蛋，一共有六颗。正午明亮而温暖，铁爪鹀心情大好，都没注意到它和太阳间出现了一抹阴影。凯嘎威（Kigavik）从天而降，它是只矛隼②（gyrfalcon）。之后，银巴儿再没听见铁爪鹀的歌唱，也没意识到它的突然失踪，它甚至都没注意到有一根胸羽颤悠悠地掉下来，几乎就落在它身旁。当时，它正凝神观察一颗破了个口子的蛋。它听到的唯一声响便是如小鼠般微弱的吱吱声，那是新生雏鸟的第一声啼哭。此时矛隼已回巢，巢建在朝北的峭岩壁上，面朝大海。矛隼将铁爪鹀喂给嗷嗷待哺的幼雏吃的这会儿，第一只三趾滨鹬已破壳而出，还有两只蛋壳也裂开了口子。

银巴儿的内心，第一次涌起一股挥之不去的恐惧感。它对周遭所有的事物都多了分害怕，唯恐它们伤了自己手无寸铁的宝宝。它对冻原上的所有生物都提高了警惕——耳朵要密切监听猎鸥在滩涂追赶滨鸟的叫声，眼睛要密切观察矛隼扑腾的白羽翼。

第四只雏鸟破壳而出后，银巴儿开始把蛋壳从巢里一片片地移走。在它之前的无数代三趾滨鹬也都是这么做的，凭着睿智，它的祖先骗过

---

① 拉普兰，北欧一地区，从挪威海延伸到白海，大部分在北极圈内，包括挪威、瑞典和芬兰的北部地区和俄罗斯的科拉半岛。

② 矛隼，大型肉食隼，靠捕食小鸟及旅鼠为生。有时会在冬季迁徙至新英格兰、纽约州及宾夕法尼亚州北部。

了乌鸦和狐狸。不论是峭岩壁巢里眼尖的隼，还是在旅鼠的洞穴口蹲点等其现身的猎鸥，都没留神到这只带棕色斑纹的小滨鸟的动作。银巴儿用自己特有的方式，在石蚕丛间活动，并压低身体，贴着粗硬的冻原草走动，每一步都走得无比小心。只有莎草间跑进跑出或是在洞穴旁的石板上晒太阳的旅鼠看到了它。它们眼见着银巴儿慢慢消失在远处山脊的皱谷底。不过旅鼠性情温和，它们不怕三趾滨鹬，三趾滨鹬也不怕它们。

第四只雏鸟孵化后不多时，天就快亮了。银巴儿劳作了一整晚，等太阳绕了一圈再度从东方升起时，它刚好在皱谷的灌木丛中藏好最后一片蛋壳。一只极地狐从它身边经过，它踩着页岩小步走着，步伐平稳，听不到半点脚步声。看到这只母滨鹬后，狐狸两眼放光，它闻了闻空气，料想幼雏就在附近。银巴儿飞上柳树，眼看着狐狸翻开蛋壳开始嗅。正当狐狸要爬上皱谷坡时，银巴儿冲它飞去，忽地跌倒在地，伪装受伤，扑打着翅膀移向灌木丛。与此同时，它尖叫了一声，叫声像极了幼雏。狐狸立刻朝它扑去。银巴儿瞬时腾空而起，飞过山顶，又在另一头重新现身，引诱狐狸跟上它。于是，它把狐狸引到了山脊南面的一片沼泽地，自高原流下的溪水在那里汇聚。

正当极地狐往山坡上爬时，待在巢里的公瓣蹼鹬听到母鹬发出低沉的"啵哩！啵哩！哧嗝！哧嗝！"声。母鹬正在附近巡查，它看到极地狐正往坡上爬。公鹬悄悄地从巢里撤走，沿着它早先铺好的逃生草道一直来到溪水边，那里有等待它的配偶。它俩一起游入潭水中央，紧张地绕着圈游，边游边用喙梳理羽毛。它们还不断把喙扎入水中，装作觅食，直到空气恢复清新，不掺一丝极地狐的麝香味为止。公鹬胸前的毛皮有部分磨损，是孵蛋蹭出来的，好在小瓣蹼鹬马上就要孵化了。

银巴儿把极地狐引到离孩子足够远的地方后，就调头绕到海湾滩涂，中途在海潮带边停了几分钟，紧张地觅了会儿食，接着迅速飞回石蚕丛旁。四只刚孵化的小雏鸟，绒毛颜色很深，上面还粘着鸟蛋特有的潮湿感。不过绒毛马上就会干，然后变成黄色，像沙子或栗子一样。

　　此时，作为三趾滨鹬宝宝的母亲，银巴儿本能地感应到了冻原的萧条，身下的叶子和地衣都渐渐枯干，原本的巢穴已不再是合适的栖身之所。对幼雏而言，这里也不再是安全之地。极地狐那闪亮的眸子，那行走于页岩间的柔软脚垫，还有它那嗅闻雏鸟踪迹时颤动的鼻毛——这些讯号叠加在一起，昭示着千百种不可名状的危险。

　　太阳深深地沉到地平线下，只有崖壁上的矛隼巢还能略微反射出最后一抹落日的余晖。银巴儿领着四只小雏鸟，消失在广袤冻原的一片灰色之中。

　　冻原昼长夜短。白天，银巴儿带着小雏鸟在岩质平原游走。到了寒夜，或是遇上阵雨，它就把小雏鸟聚集在翅膀底下。它领着小雏鸟沿着淡水湖的上边缘行走。不少潜鸟正扑腾双翅潜入湖中，捕鱼喂幼雏。幼年三趾滨鹬在湖泊沿岸和潜鸟激起的水花中发现了一种新奇的食物。它们学会了如何从水流中捕捉昆虫成虫及幼虫。它们还学会了如何躲避天敌，只要一听到母亲发出的危险讯号，它们就立即趴下紧贴地面，混在石堆中一动不动，直到听到轻柔的吱吱声才敢跑到母亲身边。这招儿让它们成功躲过北美猎鸥、猫头鹰和狐狸。

　　出壳七日后，小雏鸟已长出三分之一的翎羽，不过身体上长着的仍是绒毛。再过四日，翅膀和肩膀的羽毛也已长齐。等到两周大的时候，羽翼日渐丰满的小三趾滨鹬就可以跟着母亲在湖泊间来回飞了。

　　此时太阳沉到了地平线更深处，夜晚灰意渐浓，夜暮渐长。暴雨愈加频繁，来势也越发汹涌，期间穿插些温和的降水，冻原上下到处都是打落的花瓣。植物中的可食用部分（即淀粉和脂肪）则储存在种子里，以孕育珍贵的胚芽，那里凝聚着上一代植株的遗传因子。夏天的使命已达成，用来招引传粉蜜蜂的鲜艳花瓣已经用不着了，丢弃也罢。用来接收阳光，将光能储存在叶绿素中跟水与二氧化碳反应的宽阔叶片也用不着了。叶绿素褪去也罢，换上红衣和黄衣吧。接着叶落，茎枯。夏日时光，就这样消陨殆尽。

不久，鼬身上钻出第一撮白毛，驯鹿的皮毛也变得密长。从雏鸟孵化起，几乎一直聚居在淡水湖旁的许多雄三趾滨鹬也已开始南飞。大黑脚便是其中之一。海湾的滩涂上聚集着成百上千的三趾滨鹬幼雏，它们在平静的海面上翱翔，一会儿飞天一会儿俯冲，沉浸在全新的飞翔乐趣之中。滨鹬把幼雏领下山，迁往滨海一带，每天都有许多成鸟飞离此地。离银巴儿先前孵蛋不远处的潭水岸边，有三只幼年瓣蹼鹬，它们正摆动着蹼趾啄食昆虫。此时，瓣蹼鹬父母往远海以东已飞行了几百英里。

八月的一天，银巴儿和其他三趾滨鹬正在海湾岸边活动，它刚给幼崽喂完食。突然，它飞向空中，一同飞起的还有另外四十来只成鸟。这一小群滨鹬沿着海湾外弧飞去，白色条纹状的羽翼忽隐忽现，接着又飞回来，飞经滩涂时高声呼号。而此时滩涂边的幼雏正踩着小浪花奔跑觅食。成鸟头转向南，消失在天际。

成鸟已无须在北极停留更多时日。巢筑好了，蛋也一个个尽心孵化了，幼雏也已学会如何觅食，如何躲避天敌，明白了什么是丛林法则。之后，等它们羽翼丰满，就可以凭着遗传的方向感，跟随父母的脚步南下，穿越两大洲的洲际线。而此时此刻，成年三趾滨鹬感受到了温暖南部的呼召，它们准备启程，跟随太阳飞去。

当晚日落时分，银巴儿的四只雏鸟和其他二十多只小三趾滨鹬一起来到了一片内陆平原。平原与临海山脉相连，一直往南延伸，与一片更高的山脊毗连。平原上长满青草，期间还透着一块块更为轻柔、浓郁的翠绿，那便是沼泽。这群三趾滨鹬是沿着蜿蜒迂回的溪流来到这块平原的，晚上就在溪岸边撂脚。

平原上下窸窸窣窣的声响好似轻柔的呢喃，不绝于耳。这些声响在三趾滨鹬听来都充满生机，好似轻风吹过松枝发出的沙沙声，尽管广袤的瘠地上并无树林。这声响也像溪水流过河床发出的汩汩声，虽然时值夏末的夜晚，溪流都被冻结在了第一层薄冰之下。

这声响，实际上混杂了众多飞鸟的呢喃声、振翅声和它们穿过平原低矮植被时发出的响声。金鸻鸟群正在聚集，这些金喙黑腹的滨鸟从四面八方聚集到平原上，有的来自广阔的海岸，有的来自跃起的鼠海豚湾海岸，还有的来自方圆几英里内的冻原和高原。

夜幕降临，阴影逐渐笼罩冻原大地，除了地平线上的一抹火光（好似从太阳烈焰中刮落的几片灰烬）外，黑暗几乎已蔓延到北极的每个角落。而此时的鸻鸟却越发亢奋。一波又一波滨鸟纷至沓来，亢奋感不断升级，叫声越发尖锐，也越发响亮，像一阵风一样从平原呼啸而过。领头鸟的叫声尖锐而颤抖，时不时会从鸟群的呢喃声中脱颖而出。

夜半时分，迁徙开始了。最先出发的鸻鸟群有六十来只，它们飞向空中，在平原绕了几圈摆好队阵后，便直奔东南而去。其他鸟群也纷纷振翅腾空，跟随领头鸟在冻原上空低飞，身下的冻原好似一片深紫色的海洋。鸻鸟长了一对尖头翅，每次振翅都是力量、优雅和美的彰显，仿佛有使不完的劲来应对接下来的旅程。

唧——哑——哑——哑！唧——哑——哑——哑！

徙鸟叫声从天际传来，那叫声尖锐而颤抖，无比清晰。

唧——哑——哑——哑！唧——哑——哑——哑！

冻原上下每只鸟都听到了这紧迫的呼召声,心头不由涌起一股莫名的不安。

今年刚孵化的幼年鸻鸟三五成群地散落在冻原上,它们一定也听到了。但谁也没有加入成鸟迁徙的行列。还要等几周它们才会启程,那时的它们将独自上路,因为没有谁会为它们带路。

一个小时后,迁徙大军就不再分批出发,而是连成一片。成群的鸻鸟好似一条巨大的天河,越往东南方向飞,队伍就越长。它们飞过瘠地,飞过北海湾,一路向前。天色渐亮,又是新的一天。

人们说,好多年没见这么壮观的金鸻鸟大迁徙了。在哈德孙湾西岸宣教的尼克莱特(Nicollet)神父说,这让他想起了年少时经历的鸻鸟大迁徙。彼时还没人用猎枪猎捕鸟,鸻鸟群的数量是现今的好多倍。海湾一带的爱斯基摩人、猎人和商贩抬起头就能看到晨空中,鸻鸟正从海湾飞过,消失在东方。

远处是一片浓雾,雾里依稀可见拉布拉多(Labrador)的砾岩海滩。那里长满岩高兰丛,枝头缀着紫色的果实。更远处则是新斯科舍的潮汐滩地。从拉布拉多到新斯科舍这段路,鸻鸟群将有条不紊地行进,沿路采食成熟的高岩兰果、甲虫、毛毛虫还有贝类,积蓄脂肪和能量,以备肌肉运动所需的消耗。

养精蓄锐之后,鸻鸟群又将重新上路,一路南下,飞入雾蒙蒙的海天相接的地平线。这次南下要在海面上穿行两千英里,从新斯科舍一直到南美洲,很多远海渔人都将看到它们迁徙的身影。它们贴着海面直线疾飞,心系目的地,不惜一切代价也要到达。

途中也会有不少鸻鸟倒下。有些老弱病残中途掉队,只能在荒野默默死去。有的则死在猎枪下,一个个勇敢、奔放、燃烧着的生命就此终结,但不少猎人却以此为乐。还有一些则是精疲力竭之后坠海而亡。鸰鸟队伍继续前行，毫不顾虑可能的失败和灾难。伴着甜美的啼鸣，它们飞过北方的天空，体内奔腾着迁徙的热血，这份激情超越了其他一切欲求。

第四章　夏之末

直到九月，三趾滨鹬才在舰之沙洲小岛沙滩重现，此时它们已换身白羽，在退潮的浪花中奔跑，捕食蝉蟹。三趾滨鹬从北部冻原出发，南下途经哈德孙湾大滩涂、詹姆斯湾和新英格兰海滩，中途多次暂歇觅食。三趾滨鹬春徙时强烈的北上本能获得满足后，秋徙时就从容多了。在季风和艳阳的指引下，它们一路向南，迁徙队伍规模时而随着北方海鸟的加入而壮大，时而随着海鸟着陆离去而缩小。只有那些来自最南部的海鸟会继续南行，直到抵达南美洲最南端。

远处裹着泡沫的海浪边传来迁徙而归的海鸟叫声，盐沼地里也响起了杓鹬的呼叫，这些都预示着夏末的到来，此外还有其他征兆。到了九月，海峡周边的鳗鱼开始洄游向海，它们中有的来自山丘，有的来自高原草地，还有的来自污水河源头的柏树沼泽。它们沿着潮汐平原顺游而下，途经六大瀑布，最终在海峡和河口附近与准配偶重聚。不久后，它们将换上婚纱般的银装，追随退潮潮水游向大海，随之消失于暗无天日的深海之中。

九月末，春季来的巡游鲱鱼产的卵孵化了，孵出的小鲱鱼顺着河水游向大海。水流平缓，河域越靠近河口越宽阔，小鲱鱼一开始游得很慢。随后，等秋雨变小，秋风转向，河水变冷时，这些身长不过一指的小鱼就会加快速度，游向更暖的海域。

同样是九月末，本孵化季的最后一批小海虾将从远海经海口游到这片海域。新生代的出现也昭示着另一段旅程，那是几周前老一代海虾所踏上的旅程，没人见过，也没人描述得出。春夏两季，海虾不断长大，越来越多满一周岁的成年海虾纷纷离开沿岸海域，穿过大陆架，在高低起伏的海底峡谷间穿行。这趟旅程没有返程，但它们的后代在度过几周海洋生活后，会在海水的裹挟下进入受保护的内陆流域。夏秋两季，幼虾随着洋流游至海域和河口，寻找温暖的浅滩，其下有淤泥沉积，其上则流动着微咸的海水。浅滩区有丰富的食物可供幼虾取食，而浓密如毯的鳗鱼草丛则可庇护幼虾免遭饿鱼的追捕。幼虾长得很快，届时它们将返回大海，寻觅苦涩的海水和起落更深沉的潮汐。九月，每次涨潮，海湾便迎来新一批上个洄游产卵季孵化的海虾，而与此同时，稍大些的幼海虾则离开海峡游向大海。

九月末，沙丘上海燕麦的圆锥花序变成了金棕色。阳光下的沼泽地闪着柔光，那里有绿棕相间的盐草甸、暖紫色的灯心草，还有猩红色的海马齿。河岸沼泽地里的桉树已开了满树红花，好似一团烈焰。夜空中弥漫着这种秋天特有的花香，花香随风飘至温暖的沼泽地，遂化作雾气。浓雾挡住了鹭，黎明时分的它正立在草丛间。雾也遮蔽了猎鹰的双眼，让它看不到田鼠。此时草原鼠正奔跑着穿过沼泽地，而它脚下的这条路是田鼠耐心扳倒成千根沼泽草后用茎秆铺就的。雾还蒙蔽了燕鸥的双眼，它们在翻滚着的白色海面上方盘旋，本该看得到水面下成群的银边鱼①。直到暖阳撒清雾气，燕鸥才捕到鱼吃。

夜晚寒风来袭，海峡周边的许多游鱼变得焦躁不安。它们身着银灰色的鳞片，鳞片很大，鱼背上短小的四片脊鳍好似张开的船帆。这是鲻鱼，它们一整个夏天都在海峡和河口一带生活，在野鸭草丛和鳗鱼草丛中独自漫游，以动物排泄物和海床淤泥中的植物碎屑为食。不过每年秋

---

① 银边鱼，一种长而纤细的小鱼，身体两侧有银色条纹，淡水与海水均有分布。银边鱼群常大批出没于多沙海岸线。

天，鲻鱼都会离开海峡，开启一段远海旅行，在旅途中哺育下一代。正因为此，秋日的第一阵寒意让鲻鱼感受到了深海的节律，唤醒了它们的巡游本能。

临近夏末，水温渐低，潮汐周期也起了变化，海峡内许多幼鱼都听到了深海的召唤。其中有鲳参鱼、鲻鱼、银边鱼还有鳉鱼。它们共同生活在鲻鱼塘，鱼塘在离岸沙洲岛上，那儿的沙丘与舰之沙洲岛的平沙连成一片。这些幼鱼是在海里孵化的，它们是今年早些时候沿着一条临时近道来到鱼塘的。

满月那晚，圆月当空，好似一只白气球。月盈，月引力越发强劲，潮水在海湾沙滩边冲刷出一条深深的沟壑。只有当潮水涨到最高处时，平静的鱼塘才能从海洋中得到一些补给。此时，海浪翻滚，潮水回流，海水卷挟着散沙流至沙滩洼地，那儿曾被冲出一条河道。一眨眼工夫，潮水翻涌腾空从码头扑到河岸，留下一条通往鱼塘的冲沟。水道瓶颈处离鱼塘不足十英尺，水道外，滔滔海浪正奔向海岸。潮水汹涌奔腾，嗞嗞作响，泡沫翻滚，好似磨坊引水槽内的急流。一浪又一浪的潮水经由泥沼水道流入鱼塘冲击塘底，把塘底弄得高低不平，激得塘面水花四溅。流入水塘的潮水又无声无息地渗入相毗连的沼泽地，漫过沼泽草的茎和海马齿的红茎秆。浪花喷溅出来的棕黄的泡沫星子也被潮水裹挟着一同流进了鱼塘。沼泽草茎秆间的空隙已被夹杂着泥沙的泡沫完全盈满。远远看去，沼泽地好似长满矮草的沙滩，而实际上，沼泽草在水下有一英尺深，只有最上端的三分之一露出水面。

潮水一波波袭来，浪花跳跃着、飞溅着、冒着泡、旋转着，解放了一大群被困在鱼塘多时的小鱼。成百上千的鱼儿涌出鱼塘，游出沼泽地。它们一股脑地游向清澈、冰冷的水域，在极度兴奋之中，任由潮水将它们翻转、抛掷。游到泥沼水道中部时，它们一次次地跃出水面，在空中留下星星点点的银光,好似一群闪闪发光的跳虫,一次次跳起又落下。落下时,潮水一把将它们托住,带着它们狂奔向海。很多鱼都尾巴朝上掉进腾起的浪花之中,尽管奋力抗争也奈何不了水流巨大的冲力。直到潮水冲离泥沼水道,鱼儿才得以重归大海,再次感受翻滚的碎浪、干净的细沙海床,还有那清新凉爽的海水。

鱼塘沼泽怎么可能禁锢得了它们?一群又一群的鱼儿跃出鱼塘,银光闪烁,在沼泽草的映衬下星星点点地连成一片。鱼群撤离大军持续了一个多小时,节奏很快,中途几乎没有间歇。它们中的大部分兴许是上一次朔望潮时来的,彼时月亏,月亮好似铅笔勾出的银边。此时月盈,又值朔望潮,欢快、喧闹的大潮已准备就绪,正呼唤着它们重回大海。

它们向大海进发,穿过镶着白边翻腾不止的海浪线。而后,大部分继续前行,穿过光滑的绿色涟漪后,游向第二条海浪线。海浪从远海涌来,冲向浅滩,撞出白色浪花,又折返入海。可海浪之上,是伺机觅食的燕鸥,不多时,几千条小鱼的巡游之旅在到达海口前便终止了。

此时,天空灰得好像鲻鱼背,云朵则像四处奔涌的海浪。吹了整整一夏的西南风,如今也转头向北了。这时候的清晨,在河口和海峡沙洲一带,可以看到大个头的鲻鱼跃出水面。沙滩上,渔夫已摆好渔船,船里躺着灰色的渔网。他们站在沙滩上,双眼盯着海水,耐心地等候着。渔夫知道,天气骤变后,成群的鲻鱼会在海峡一带集结。他们知道,很快大群鲻鱼就会赶在海风到来前穿过海湾入口,然后沿着海岸开始巡游。套用渔夫代代相传的说法,那就是鲻鱼"右眼定会盯准沙滩"。其他鲻鱼群从海峡北面来,此外还有从离岸沙洲群岛经由外河道来的。渔夫等待着,他们对这世代相传的经验满怀自信,渔船里空空的渔网也同样在等待。

除渔夫外,其他捕鱼者也在等待巡游的鲻鱼群。潘迪恩(Pandion)

便是其中之一，它是只鱼鹰，每天都在上空绕大圈盘旋，像一团小黑云。鱼鹰的动向一直都受这些鲻鱼渔夫的密切关注。渔夫在海滩或沙丘上站岗时，为了消磨时间，常常打赌鱼鹰会在何时潜水捕鱼。

潘迪恩的巢安在三英里外河岸边的一片火炬松丛里。它和伴侣在这个繁殖季繁育了三只幼雏。雏鸟刚出生时，披着一身绒毛，颜色灰不溜秋的，好像腐朽的老树墩。如今它们已长出飞羽，已离巢开始独立捕鱼。但潘迪恩和伴侣仍旧年复一年地住在这个巢里，彼此忠贞不渝，一生都是如此。

鱼鹰巢底有六英尺宽，巢顶宽度是底部的一半有余。巢的个头很大，几乎任何一辆农用驴车（海峡周边小村庄泥道上常见的那种）都装不下。多年来，这对鱼鹰夫妇不放过任何被潮水卷上岸的合用物什，总算将巢穴修葺了一番。目前，巢安在一株四十四英尺高的松树树冠上。巢很沉，久经枯枝、细条和干草的压迫后，整个树冠除了几只枝条，其余都枯死了。这些年来，鱼鹰还把一块长达二十英尺的捕鱼围网织了进去，那围网是在海峡沙滩上叼来的。渔网上粘连着一根绳索、十几枚钓鱼用的软木浮子、许多海扇和牡蛎壳、几根鹰骨、好几串质地如羊皮纸的海螺卵鞘、一支破败的船桨、半只渔夫穿的靴子，还有一团交缠的海藻。

鱼鹰巢底有一大团枯败物，许多小鸟都在那里找到了栖身之所。夏天，在那儿安家的有三家燕子、四只欧椋鸟，还有一只卡罗莱纳州鹪鹩。春天时，鱼鹰巢里住过一只猫头鹰，更早的时候还住过一只绿鹭。对这些借宿客，潘迪恩都忍让有加。

阴冷天气持续了三天。到了第三天，阳光终于穿透云层。在鲻鱼渔夫的注视下，潘迪恩乘着波光粼粼的海面上蒸腾而起的热气流，展翅高飞。从高处往下看，海面好似一块随着微风轻轻舞动的绿丝绸。个头跟知更鸟一般大的燕鸥和剪嘴鸥正在浅滩休憩。一群海豚游过海峡，交替着潜入水中，又跃出水面，它们那闪着光的黑色背鳍划开水面，好似游蛇。潘迪恩那琥珀色的双眼扑闪了一下，只见水中一道亮线一连闪现了三次，它俯冲下来一把叼住鲻鱼，随即风一般地消失了。

鱼鹰的黑影在蓝绿的海面上慢慢聚拢，鲻鱼顶开海面，海面顿时荡起波纹。这条鲻鱼就在鱼鹰两百英尺以下的正下方，此时鲻鱼兴奋不已，正铆足了劲准备一跃而起。正当它第三次跃出水面时，一抹黑影从天而降，等待它的，是鱼鹰那对虎头钳一般的利爪。尽管鲻鱼有一磅多重，但鱼鹰用爪钳起它来却毫不费力。它抓着鱼飞过海峡，朝三英里外的鹰巢飞去。

潘迪恩昂着头，双爪擒着鲻鱼，经由河口往上游飞去。快回巢时，它稍微放松了一下左爪。它看了看自己的飞行路线，决定停靠在巢外枝干上，右爪依然紧紧抓牢鲻鱼。这顿鱼餐潘迪恩享用了一个多小时，当伴侣回巢时，它连忙低头看护鲻鱼，同时还对其嘶叫。哺育期已过，现在不管是谁都得自己捕鱼。

那天的晚些时候，潘迪恩又回到河边捕鱼，它在水面上低飞，双爪拨开水面，翅膀扑腾十几下的工夫，就洗净了爪子上黏附的鱼秽。

在回巢路上潘迪恩被一只目光犀利的大棕鸟盯上了，它栖息在河岸西边的一株松树上，松林正对着河口的沼泽地。它叫白头鹰，过着海盗一般的生活，但凡能从周围的鱼鹰那里偷到鱼，就绝不自己捕鱼。当潘迪恩离巢往海峡飞去时，白头鹰紧随其后腾飞入空，飞行高度远高于鱼鹰。

这两只鹰在高空盘旋了一个小时。接着，潘迪恩直直地俯冲入水，顿时水花四溅，而在高空飞行的白头鹰看到鱼鹰身影忽地缩到燕子一般大小，继而消失在白色的水花之中。三十秒后，鱼鹰浮出水面，在连续几次强力短促的振翅过后，飞离水面五十英尺，并径直往河口飞去。

这一切都被白头鹰看在眼里，它知道，鱼鹰捕到了鱼，这会儿正抓着鱼往松树下的巢穴赶去。白头鹰转身追上前去，继续在鱼鹰上方一千英尺的高度飞行，同时发出一声尖叫，叫声传到了鱼鹰的耳里。

潘迪恩警觉而不安地叫起来，它加倍努力地振翅，希望赶在白头鹰展开攻势前回到松顶的巢内。可是，尽管潘迪恩的爪子牢牢抓着鲻鱼，它的飞行速度还是被鱼体重量及其不断的挣扎拖慢了。

在小岛和大陆之间，还有几分钟就要飞到河口时，白头鹰占据了领先优势。它半收拢双翅，急速下降，速度骇人，海风从它翅间嗖嗖吹过。白头鹰赶超鱼鹰后，在空中盘旋了一阵，背对着水面，接着伸出双爪，准备攻击。潘迪恩扭转身体四处躲闪，躲过了那八条弯爪刀。没等白头鹰重整旗鼓，潘迪恩已飞到两百英尺外，距离又进一步拉大到了五百英尺。白头鹰在潘迪恩上方穷追猛赶，可当它想往下飞时，鱼鹰猛地往上方一飞，把白头鹰远远甩在了身后。

与此同时，鱼脱水后生命力也随之耗尽，挣扎停止了，鱼体也软了下来。鱼眼变得模糊，好似清晰的玻璃表面蒙上了一层雾。很快，它活着时身上绚烂美丽的金绿色也黯淡了下来。

鱼鹰和白头鹰一上一下地飞翔，飞到了极高的高空，那里只有空气，看不到半点海峡、沙洲、白沙的影子。

吱吱！吱吱！喳喳！喳喳！潘迪恩受惊后发出一连串的尖叫。

潘迪恩刚刚侧身躲过白头鹰的猛爪，就遇到十来只身披白羽往东迁徙的海鸟，差点撞上。突然，鱼鹰迅速收拢双翅，笔直往下飞，速度之快好似砸向水面的石头。狂风在它耳旁呼啸，吹得它几乎看不见，连羽毛都快被刮断了。这是潘迪恩面对更强大、更敏锐的敌人时所做的殊死抗争。白头鹰无情的黑影从天而降，速度比鱼鹰还快，它赶上并超过了鱼鹰，旋风一般地把鱼夺了过来，双爪嵌入鱼身，随即飞离现场。而此时，海峡远处的渔船正渐渐驶近，船身越来越大，好似在水面漂浮的海鸥。

　　白头鹰带着鱼飞回松树下的栖息处，撕开鱼身，去骨留肉。而等它飞回巢穴时，潘迪恩正奋力振翅，飞过海湾，奔赴海滨的新渔场。

第五章　风吹向海

第二天一早，北风凛冽得几乎把浪尖削飞。一波波海浪拍到海湾沙洲上，每一浪都击起滔天水花。风向突变，鲻鱼兴奋起来，在海峡间来回跳跃。在河口浅滩区和海峡周边的沙洲群岛一带生活的海鱼察觉到一丝突如其来的寒意，那是从海风渗入海水的冰冷。鲻鱼开始潜向深海域，那儿尚锁着太阳的余温。大群大群的鲻鱼从海湾的四面八方聚集到海峡中间的海道，海道通往入海口，是通往远海的关口。

海风自北方吹来，往河流下游吹，鲻鱼赶在海风前向河口游去。海风吹过海峡，又继续吹向海湾，而此时的鲻鱼已奔赴大海。

退去的潮水载着鲻鱼，绕过深水的海草，又经过海峡间的白沙海床。汹涌的潮水每天都在海峡间穿梭，两次流向大陆，两次流向大海。在潮水的强力冲刷下，海床干净明晰，几乎没有生灵栖息。游着游着，鲻鱼群上方出现千百块亮片，在金色的阳光下熠熠生辉。波光粼粼的海面上，一条又一条鲻鱼相继破水而出。鲻鱼弯曲身体铆足劲，继而跃出水面腾空而起，跳跃节奏越来越快。

随落潮入海的鲻鱼要绕过一个狭长沙嘴，名叫银鸥沙洲（Herring Gull Shoal）。那里有一面巨石墙，石墙沿海峡修筑，以防流沙倒灌。海草绿色膨大的藻体通过固着器依附在石墙上，一旁还有星星点点的藤壶和牡蛎，白花花的一片。防波堤其中一块石头的阴影背后，有一双小眼睛正不怀好意地盯着游向大海的鲻鱼。那是康吉鳗①的眼睛，它有15磅重，在岩间生活。康吉鳗身板壮硕，靠捕食鲻鱼为生。鲻鱼群沿着防波堤石墙漫游时，康吉鳗会钻出阴暗的洞穴，出其不意地用颌咬住鲻鱼。

在鲻鱼群上方十几英尺处的上层水域，一大群银边鱼正结群而行，每条小鱼的身体都反射着阳光，身体游动时好似一大片闪亮的星尘。时不时会有几十条银边鱼跃出水面，冲破海鱼世界的边界，再如雨滴般坠回海洋。落水时，一开始只在水面上压出一轮软痕，随后便将空气与水之间的那层强韧交界击穿。

很快，退潮潮水已漫过十几块沙嘴地，每块沙嘴上都栖息着一小群海鸥。潮水带着鲻鱼冲向一块老礁石。在潮水的不断作用下，这块礁石正一点点地向岛屿转型。这是因为潮水卷来的泥沙渐渐在礁石表面沉积，而退潮时漂到礁石上的沼泽草种子萌发后则进一步固化了泥沙。两只海鸥正忙着捕食湿沙地上半埋着的光芒大文蛤。找到文蛤后，海鸥便一小块一小块地啄去蛤壳，蛤壳为釉质，厚实而光滑，浅褐色和淡紫色条纹交相辉映。它们用坚硬的喙啄了许久才终于啄破蛤壳，吃到里面柔软的蛤肉。

在潮水的推搡下，鲻鱼继续前行，它们游过一枚靠近海口巨大的铁浮标。海面起起伏伏，浮标的铁质主体也随之上上下下，连它的铁质应答器的音调节拍也随着海水节律的变化而变化。这枚近海浮标本身自成一体，随着海峡潮水的起落翻滚不止。它乘着波峰上升，又踏着波谷下沉，就这样往复交替，仿佛涨潮落潮都是它一手造成的。

自去年春天起，这枚浮标就没被清洗也没被重漆过。现在它的表面长满了密密麻麻的藤壶壳、海蚌壳、囊状海鞘，以及一块块柔软的苔

---

① 康吉鳗，一种纯海生鳗鱼。在美洲海域长到15多磅重，在欧洲海域则能长到100至125磅重，食欲极其旺盛。

藓地衣丛。沉积的泥沙和绿色的水藻丝淤积在贝壳凹陷处和水生生物浓密的根状触角中。在这片茂盛而生机勃勃的海藻丛中,生活着片脚类动物,它们身体纤细、身披铠甲,不断在藻丛间爬进爬出,寻找食物。海星以牡蛎和海蚌为食,它攀附在它们的外壳上,用手掌上的强力吸盘牢牢抓住其外壳,迫使其张开。贝壳之间则散布着海洋之花——海葵[①],它们的身体一张一合的,肉质触须向四周伸展着,好从水体中捕食。在铁浮标附近生活的海洋生物有二十多种,大多都是几个月前的哺育季来的,那时水体里全是幼鱼。这些色彩斑斓的生物身体通透如玻璃,不过比玻璃脆弱,除非能找到坚韧稳固的附着点,不然大多活不过幼年期。那些碰巧漂至海峡的幸运儿主要是靠身体分泌的黏液、足丝,或是固着器来黏附到浮标壁上的。从此,它们将在浮标壁上终老,成为那个摇曳、翻腾不息的水世界的一分子。

放眼海湾,湾内海峡变宽了。一波波的海浪冲刷着沙滩上的散沙,搅浑了浅绿色的水体。鲻鱼继续前行。隆隆的海浪声越来越响。鲻鱼敏锐的侧翼察觉到海水沉闷的震感,砰砰砰、砰砰砰。大海的节律变了,那是因为泛着白沫的海浪冲到狭长的海湾沙洲上,随后又退回大海。此时,鲻鱼已游过海峡,感受到了大海更缓慢的节拍,那是来自遥远深沉的大西洋的海浪卷起、突然攀升、再回落所击打出的节拍。就在第一条海浪线之外,鲻鱼从巨大的海浪中一跃而起。它们一个接一个地游上海面、跳入空中、回落入水,溅起一大片白色水花后又重新归队。

一名观察员在一座高度足以远眺海湾的沙丘上站岗,他看到了第一批游出海峡的鲻鱼。以他丰富的经验,光看鲻鱼跳出水面时溅起的水花大小就估算得出鲻鱼的个头和游速。虽然已有三条满员的渔船在海滩远

[①] 海葵,一种温顺的海生生物,外形极像菊花。不过一旦受惊,便会顷刻间颠覆其花朵状的美貌,葵体化身为桶状,触手也松软不堪。其"花瓣"由无数条触手构成,用以捕食小动物。海葵与水母、珊瑚虫同属一纲,通常外形精致、颜色艳丽,大小从1/16英寸到数英尺不等。常见于潮间带及码头木桩。

处待命，但他并没有在第一群鲻鱼游近时发出信号。此时仍值落潮期，潮水向大海回落，渔网根本拉不上岸。

沙丘之上，风沙四起，盐粒在阳光间穿梭。现在刮起了北风。沙丘凹陷处的沙滩草随风而动，它们针尖般的草尖在风沙中画出无穷无尽的小圈圈。海风吹过离岸沙洲岛，从沙滩上卷起散沙，在一片白雾茫茫之中，刮向大海。远远看去，河岸上方昏暗暗的，好似地表升起淡淡的雾霭一般。

河岸上的渔人并没有看到沙尘，但脸和眼睛却感到刺痛，风沙钻进发梢，灌进衣服。他们掏出手绢蒙在脸上，压低遮阳帽的长帽舌。北风意味着满脸沙土，意味着船龙骨下咆哮的海水，但它也意味着鲻鱼的到来。

渔人站在沙滩上，正饱受烈日的炙烤。不少妇女和孩子也在，他们正帮着男人打点绳索。孩子光着脚丫在退潮后留下的小水洼里蹚水，脚上沾满了层层沙泥。

潮水变向了，这时，一艘渔船急速驶入大海浪中，以便在鲻鱼到来前准备就绪。海浪滔天，这种情况下发动渔船并不容易。渔夫冲到各自的岗位，好似归位的机器零部件。渔船找到了平衡点，颠簸着驶入汹涌的碧浪中。渔夫站在船桨边等待，离冲浪线只有一尺之隔。船长站在船头，双臂交叉，腿部肌肉随着船体的起伏屈伸，双眼凝视海面，直盯着海口。

在那碧绿的海水中，潜藏着鲻鱼，有成百上千条。很快，鱼群即将游入渔网范围内。北风继续吹，鲻鱼要赶在北风前游出海峡，沿着海岸线游向大海，几千年来，一代又一代的鲻鱼都是如此。

五六只海鸥在海面上"喵、喵"地叫起来，预示着鲻鱼就要来了。海鸥不爱吃鲻鱼，它们爱吃米诺鱼。鲻鱼体型比米诺鱼稍大，它们正游向浅滩，而此时米诺鱼正处于机警状态，原地兜着圈子。鲻鱼渐渐游近，就快到大浪区了，游速和人在沙滩上行走的速度不相上下。观察员已标记好鱼群所在的区域。他走向渔船，站在鲻鱼对面，挥手示意鱼群的前行路径。

渔民用脚顶住船的横坐板，尽力推船桨，绕了一大半圈，把船推向海滩。船尾网眼细密的渔网无声无息地稳步沉入水中，随着船体入水，软木浮子也开始上下抖动。渔网另一头的索绳则牢牢攥在沙滩上的六个渔民手里。

船体四周全是鲻鱼。它们的背鳍露出水面，跃起又落下。渔民更加卖力地划桨，好赶在鱼群逃跑前上岸收网。等到最后一波退潮不及腰深时，渔民就跳入水中。大家合力，边推边拉，把船移上岸。

鲻鱼所在的浅滩区，海水呈半透明的浅绿色，翻涌着的散沙给海水添了几分浑浊。鲻鱼很激动，因为它们即将回到海水咸又苦的汪洋之中。在强烈的本能驱动下，它们即将启程抱团远行，这段旅程将把它们从沿海浅滩带到深蓝之中——海洋的起源地。

波光粼粼的绿色海水之中，一段阴影正慢慢逼近鲻鱼的所经之路。转眼间，阴影从朦胧的灰窗帘变身为纵横交错的细密栅格。第一批鲻鱼撞网了，它们游动背鳍往后退了退，迟疑了一下。其他鲻鱼群正从后方往前挤，鱼嘴顶到了网眼。第一波恐慌在鱼群间蔓延开来，鲻鱼向岸游动，猛击渔网，试图逃离。岸上攥着网绳的渔夫此时正收紧渔网，把渔网往浅水区拖，而那里的水深根本不够鲻鱼游动。鲻鱼想往海里游，可渔网越来越小——岸上的渔夫和在海水里（水深只及膝盖）踩着海沙前行的渔夫正合力顶着退潮水的冲力和鲻鱼的挣扎，一点点收紧网绳。

渔网收好了，被一步步拉上岸，围网里鲻鱼的拉力也随之变得更加强烈。鲻鱼发狂般地扭动身体往回游，想挣脱渔网。所有鲻鱼加在一起产生几千多磅的力，反抗着渔网的拖力。鲻鱼鱼身重量加巨大的拉力将渔网从海底掀了起来，不少鲻鱼肚皮贴着海沙趁机从渔网底部溜走，冲回深海之中。渔民能敏锐感知渔网的变动，他们知道鱼跑了。他们把绳索拉得更紧了，拉得肌肉青筋爆出，腰背酸痛。六个男人跳入水中，水到下巴那么深，他们抵住落潮潮水，拖着引线前行，同时堵住渔网网底。可离外圈的软木浮子还差五六个船身的距离。

突然间，整群鲻鱼一跃而起。几百只鲻鱼跃出水面，水花四溅，飞越了浮子线。鲻鱼雨一般地砸向渔夫，渔夫只好转身背朝它们。渔夫竭尽全力想把浮子线抬离水面，好让鲻鱼重新落回渔网圈中。

沙滩上两堆松垂的渔网越堆越高，尼龙网里卡着许多小鲻鱼的脑袋，个头还没有一掌长。这会儿，连在引线上的绳索越收越快了，渔网变成了口袋状，巨大而细长，里面鼓鼓囊囊的全是鱼。渔网袋终于被拖上了浅滩的浪花边，空气中传来噼里啪啦的声音，好似鼓掌声。实际上，那是几千条鲻鱼使尽浑身解数在湿沙地上尽最后一搏。

渔夫手脚麻利地取下渔网里的鲻鱼，随后把它们抛入等在一旁的渔船中。他们双手熟练而灵巧，轻轻一抖，刺网上的小鱼就尽数掉落在沙地上。其中有幼年鲑鱼、卵鳑、去年才孵化的小鲻鱼，还有些幼年卡瓦拉马鲛鱼、羊头原鲷鱼和海鲈鱼。

这些鱼太小，卖不掉也不能吃。不多久，沙滩上就堆满了小鱼，一直堆到潮位线以上。它们与大海只隔几米远，但却无法穿过干沙地回到大海，生命就从鱼体里一点点地流逝。过阵子，大海会卷走这些成堆鱼体中的一部分，剩下的则混杂在枯枝、海草和海燕麦根荏间，那是潮水根本够不到的地方。因此，大海源源不断地从潮位线上带走食物以供给觅食者。

渔夫又捕捞了两次，此时潮水快涨满了，他们的渔船也满载而归了。一群海鸥从外沙洲飞至此地大肆捕鱼，白色的羽毛与灰色的海水构成鲜明的反差。海鸥正自顾自地啄食美食，突然飞来两只个头小些的海鸟，它俩身披黑亮的羽毛，小心翼翼地在海鸥间蹦跳，旋即逮着鱼飞到沙滩高处享用去了。它们名叫鱼鸦，靠在潮际线附近觅食死虾死蟹和其他海垃圾为生。日落之后，沙蟹会爬出洞穴成群结队地爬到潮际线附近觅食，消灭最后一批鱼体。海蝗虫比沙蟹来得还早，它们已饱食了一顿，正忙着消化鱼体，供给自身营养，以完成生命物质循环。对大海而言，什么都没有亏缺。一个生命消亡，必有另一个生命生长，构成生命的珍贵元素就这样在无穷无尽的食物链间代代相传。

渔村的灯火一盏盏熄灭了，北风凛冽，渔民围坐在炉火前取暖。一整晚，鲻鱼得以畅通无阻地游过海口，沿着海岸线往西或往南巡游。它们穿梭于黑洞洞的海水之中，海浪的浪尖在月光下闪着银光，好似大鱼游过后留下的尾流。

第二部
海鸥迁徙路

Under the Sea-Wind

第六章　春海洄游客

从切萨皮克海湾这头到科德角那端，海岸线长达五十到一百英里。大陆架从此消匿，真正的海洋则由此显露。陆地向海洋真正的转变，不在于离海岸有多远，而在于海水有多深。平缓的海床一旦开始承受一二百米的水压，突然间就变得陡峭了，断崖、绝壁应声而现，熹微的日光一下子转变为无边的黑暗。

蓝色的大陆架尽头，蛰伏着鲭鱼。鲭鱼在表层水域经历了八个月惊险刺激的巡游后，在接下来严冬最寒冷的四个月里，变得慵懒无力，神气全无。鲭鱼在接近深海的水域靠着夏天积蓄的油脂过活。冬憩期快过去时，雌鱼肚子变得鼓鼓囊囊，里面长满了鱼卵。

一到四月，弗吉尼亚海角大陆架边上的鲭鱼便从冬眠中苏醒过来。也许是下沉洋流——那古老、不变的洋流循环——流经鲭鱼栖息地时令鲭鱼察觉到了季节的变迁，从而将它们唤醒。一连几个星期，寒冷而高密度的表层水，即冬季海水，一直在下沉，沉到底部后取代了那里更为温暖的海水。温暖的海水则渐渐上升，把海底丰富的磷氮养料带到了表层。春日暖阳加上营养丰富的海水让冬眠已久的浮游植物一下子活跃起来，它们快速生长，并大量繁殖。春天来到大地，大地披上了嫩绿的叶芽和花苞；春天来到大海，大海里微小的单细胞硅藻迎来了爆炸式增长。

或许，下沉的洋流给鲭鱼捎来了关于表层水的各种讯息：那里有丰富的浮游植物；还有一大群甲壳类动物在由硅藻构成的富饶的大牧场里游弋，并在海水里产下了虎头虎脑的幼崽，密密麻麻地连成一片。

又或许，流经鲭鱼栖息地的洋流还带来了另一条讯息——淡水来了。海岸边消融的冰雪顺流而下，从河川流向大海，稍稍稀释了海水的苦涩味，吸引了一部分即将产卵的雌鱼。至于鲭鱼是如何感受到春天降临的，我们不得而知，不过它们对春天的回应倒是很迅速。鲭鱼开始组建大部队，在光线熹微的深海，成千上万的鲭鱼开始向上层水域进发。

离鲭鱼过冬地几百英里的地方，大海渐渐从幽深黑暗的大西洋底慢慢升起，开始攀爬另一块大陆泥沙淤积的大陆架。在彻底的黑暗与沉寂之中，海水向东延伸了几百英里，海底从一英里多深的地方默默向上攀升，直至黑色褪成紫色，紫色褪成深蓝色，深蓝再褪至蔚蓝。

一百英寻[①]以下，大海越过一道深沟——那是大陆地基形成时留下的盆地边缘——随后上行，经过一道平缓的上行坡后直达大陆架。大陆架边缘地带的海域头一回迎来一大波在肥沃的海底平原漫溯的海鱼。因为海底深渊通常只能见到瘦削的小鱼四处寻觅匮乏的食物，有时只有一条，有时三三两两成群出现。但这里的海鱼却拥有丰饶的哺育场——大量浮游生物，如水螅、苔藓动物、海蚌、海扇都静静地躺在海沙上。虾和蟹在觅食的海鱼间来回穿梭，好似躲避猎狗追赶的兔子。

此刻，搭载汽油发动机的小型渔船在海面上航行。海面下延绵着几英里的刺网，刺网上方系着浮子，下方网板拖网则固定在沙床上，海水透过刺网网眼，推搡着浮子，拉拽着拖网。此刻也是人们第一次能数清头顶上有多少双海鸥的白翼。除了几只三趾鸥以外，海鸥全都飞到海岸边缘去了，因为此时的它们对远海感到了一丝惶恐。

海水流向大陆架，自然也会流向许多与海岸相平行的沙洲。潮汐

[①] 长度单位，一英寻等于六英尺。

带长达五十至一百英里，其间的沙洲岛或沙洲群岛，海水都即将一一漫过。海水环绕着沙洲岛缓缓攀升，从沙洲岛周边的低谷顺势升到布满贝壳的约有一英里宽的高地上。海水继续往海岸方向蔓延，直至遇到下一个沙洲岛的低谷。高地的物种比低谷丰富得多，那里栖息着一千多种千奇百怪的无脊椎生物，它们是海鱼赖以为生的食物，来此觅食的海鱼群越来越多，鱼群规模也越来越大。一般来说，高于沙洲岛的水域食物最丰盛，因为那里生活着多种小型浮游动植物，它们顺着洋流四处游荡觅食，这些浮游生物又被称作海上漂泊客。

鲭鱼离开过冬地，往海岸游去，巡游路线与海床的起伏并不相符。相反，它们从几百英寻深的海底直线向上往海面游，似乎想立即抵达阳光通明的上层水域。在幽暗的深海待了四个月之后，重新游到明亮的表层水域的鲭鱼感到格外激动。它们边游边用嘴顶开水面，再一次领略到了苍穹之下银灰色大海的广袤无边。

太阳从海面升起，又沉入海面下。探出海面的鲭鱼并不能分辨自己所在何处，尽管如此，鲭鱼群仍毫不犹豫地游出含盐量高的深蓝色远海，进入滨海水域。因着河流和河湾注入的淡水，滨海水域呈现绿色。鲭鱼追寻的，是一片巨大的不规则水域，从南偏西一直到北偏东，从切萨皮克海湾（Chesapeake Capes）一直延伸到楠塔基特岛（Nantucket）以东，有些地方离海岸只有二十英里远，而另外一些地方则有五十多英里远。那便是亚特兰大鲭鱼自古以来的哺育场，它们世世代代都在此产卵繁育后代。

整个四月下旬，鲭鱼不断从弗吉尼亚海角匆忙游向滨海海岸，鱼群络绎不绝。自春季迁徙期起，海里就涌现出了一股骚动。有些鱼群规模很小，有些则有一英里宽，几英里长。白天，海鸟密切关注鱼群动向，看着它们如乌云般席卷绿色的大海。到了晚上，海面因有发光浮游生物荧光闪闪，当海鸟用喙剪开海面时，四溅的水花好似熔融的金属。

鲭鱼不言不语，洄游时也悄无声息，可它们所游经的海域却掀起了轩然大波。沙鳗和鲲鱼群一定感受到了鲭鱼群从远方传来的震动，不然也不会急急忙忙地躲进绿色通道。这一震动也有可能波及了沙洲底部的其他生物，如游入珊瑚丛的虾蟹，钻入岩洞的海星，机敏的寄居蟹，或是海底之花——海葵。

随着鲭鱼离海岸越来越近，它们也不断往上一层海域游。在鲭鱼从远海向近海洄游的这几周里，陆地间散落着的沙洲以及海岸也时不时会变得昏暗朦胧，那是因为另一群迁徙的动物——旅鸽飞过时在地上投下的剪影。

不多时，往海岸洄游的鲭鱼抵达近海水域。雌鱼卸下沉重的负担，产下鱼卵，雄鱼则释放精液。它们留下了云雾般极其微小的透明球体，无数球体构成了一条宽广、延绵不绝的生命之河。河里点点滴滴的生命体与夜空中银河里璀璨闪耀的星星遥遥相对。据了解，每平方英里的河面下孕育着几亿颗鱼卵，渔船行驶一小时所经过的海域里暗藏几十亿颗，而整片产卵海域中，鱼卵数量则多达几百兆颗。

产卵完后，鲭鱼转身向新英格兰丰饶的哺育场进发。巡游路上，它们一刻不停，直到抵达故地为止，那片水域里游着一大群一大群的红色小型甲壳类动物，名叫晢水蚤。至于它们的后代，大海会看顾的，正如它会看顾其他海鱼、牡蛎、海蟹、海星、蠕虫、水母和藤壶的后裔一样。

第七章　一条鲭鱼的出生

这个故事的主人公是一条鲭鱼,它叫思康博,出生在远海的表层水域,距长岛西端南偏东方向有七十英里远。它刚出生时,身体呈球形,个头还不及罂粟种子大,在浅绿色海面上漂游。它滚圆的身体内藏着一颗琥珀色油滴,好让身体漂浮在水中,旁边是一小团灰色的生命体,小到可用针尖挑起。这团灰体将来会发育成思康博,即成为一条强健的鲭鱼。和同类一样,鲭鱼的躯体是流线型的,能在汪洋大海里自如穿梭。

思康博的父母来自上一波大规模洄游鲭鱼群,它们带着大量的卵,从大陆架边缘往海岸快速巡游,五月份到达此地。鲭鱼群启程后的第四晚,它们正竭尽全力急速游向海岸,期间释放出的大量鱼卵和精液在水体中混合。一只雌鱼大约会产四千到五千枚卵,而其中一颗将成为思康博。

这里海天交接,受海风、艳阳及洋流的统领,其间寄居着一众奇异的生物。可以说,这是片再陌生不过的出生地。这地方静谧无声,除非偶尔有弱海风沙沙吹过或强海风咆哮着掀翻海面,或是海鸥乘风而来急转直下后的高声鸣叫,再么就是鲸浮出海面喷起高高的水柱换完气后再沉入水下。

鲭鱼群继续往东北方向急游,进度几乎不受沿途产卵的影响。海鸟在深水平原找到了过夜安歇点后,一大群好奇的小型海洋生物就悄悄游近海面,在水底黑暗的礁石和谷底间穿梭。夜间的大海是浮游生物的世界，它属于微小的海蚯蚓、小海蟹、鼓着大眼睛的小虾米、幼年藤壶和海蚌、肚皮一伸一缩的水母，还有其他各式各样畏光小生物。

对娇嫩的鲭鱼卵而言，大海的确是块陌生的放逐地。海里到处都是小型猎者，要么彼此蚕食，要么捕杀更小的动植物。于是，鲭鱼卵也就成了前一批孵化的小鱼、贝类、甲壳类动物，还有海蚯蚓都竞相围猎的对象。刚孵化的鱼苗独自在大海里漂游，忙着觅食，其中有些出生不过几小时。有的挥舞螯爪，从水里抓捕任何制服得了并吞咽得下的食物小团。其他的则用颌咬住任何不及自身机敏灵活的生物，或是吸吮水里漂浮着的长满纤毛的绿硅藻或金硅藻细胞。

除小鱼苗外，大海里还潜藏着许多大型猎食者。鲭鱼父母离开不到一小时，一大群栉水母就浮上海面。栉水母外形酷似大醋栗，它们靠推动栉板上的纤毛带前行，纤毛带共有八条，均匀分布在透明躯体的下方。栉水母的机体成分与海水相差无几，但即便如此，它们每天都要食用成倍于自身重量的固体食物。此刻，它们正缓缓升向海面，几百万颗刚产下的鲭鱼卵在上层海域自由地漂浮着。栉水母缓缓旋转身体纵轴，向海面游来，体内发出冰冷的磷光。一整晚，栉水母都在用致命的触须轻搅海水，每根触须都细长而富有弹性，完全伸展后长度达二十倍身长。在黑洞洞的海水中，它们一圈圈地旋转，发出淡绿色的光，贪婪地彼此推搡。漂浮着的鲭鱼卵被卷入温软的触须网之中，顺着触须的迅速收缩送入水母期待已久的口中。

一般来说，像思康博这样的鲭鱼卵在第一晚之所以能幸存，要么是因为栉水母的身体与它们擦身而过，要么是因为它们寻探的触须差了几英寸。而此时受精卵细胞已卵裂为八部分，原生质内的斑点也已依稀可见，卵裂还将继续，直至受精卵从单个细胞发育为鲭鱼胚胎。

与思康博同期出生的几百万枚鲭鱼卵中，成千上万颗都止步于生命的第一阶段。它们落入栉水母的魔爪中成为其口食，随后被迅速消化，投胎转世为天敌流体组织中的一部分，继续在大海里遨游，猎食鲭鱼同类。

夜空下的大海风平浪静，海面下围猎鲭鱼卵的行动持续了一整晚。就快破晓时，东边吹来一阵微风，海面漾起微波。不到一小时的工夫，在一阵强西南风的搅动下，海面开始波涛翻滚。海面刚出现第一丝骚动，栉水母就潜入深海。即便是水母这样仅由内外两层细胞构成的简单生物，也有自我保护的本能。水母身体纤弱，它们能以某种方式感应到狂风大浪会危及甚至毁灭自身。

每一百枚鲭鱼卵中就有十枚熬不过第一晚，它们要么被栉水母捕食，要么因自身原因在前几轮卵裂过程中死去。

对鲭鱼卵而言，海面上的天敌倒是所剩无几了，可是此时刮起的强北风又带来了新的威胁。海风推动着上层海域，鲭鱼卵随海水往西南方向漂去，海水往哪儿流，它们就往哪儿漂，任何海洋生物的卵都逃不开这种随波逐流的命运。西南方向的洋流将鲭鱼卵带离惯常的育苗床，进入了陌生的海域。那里幼鱼食物匮乏，饥饿的捕食者成群出没。因为这不幸的意外，一千枚鲭鱼卵中最终能孵化成功的还不到一枚。

第二天，金色的鲭鱼受精卵已卵裂为无数个小细胞。卵黄囊上方形似盾牌的幼鱼胚胎也已逐渐成形。一大群新的天敌和浮游生物一同漂了过来。箭虫①类透明而纤细，能像箭一样劈开水面，在四溅的水花中捕食鱼卵、桡足类，甚至其他箭虫同类。它们脑尖牙利，虽然在人眼看来，体长尚不足四分之一英寸，但对小型浮游生物而言，简直如巨龙般可怕。

箭虫几番急冲猛跳、大快朵颐之后，悬浮的鲭鱼卵便都四散开来，

---

① 箭虫体型小而纤长，周身透明，在表层水域及深海均有分布。它们是凶猛而活跃的捕食者，能捕食大量幼鱼。

被洋流和潮汐卷至另一海域。途中，大部分鱼卵都被各路猎食者瓜分蚕食了。

装载着思康博的卵囊又一次毫发无损地躲过一劫，而它身边的伙伴则几乎悉数被食。在五月暖阳的照耀下，卵囊内的新生细胞紧锣密鼓地活动着——先生长、分裂，再分化为多层细胞，最后演变为组织及器官。两天两夜后，卵囊内的线状鱼身逐渐发育成形，贴着供给养分的卵黄球呈半弓状。鱼体中央细微的隆起已经可以看到，那是正在逐步硬化、成形的软骨——脊椎骨的前身。前端巨大的凸起是鱼的头部，其上两个凸起的点便是思康博将来的双眼。到了第三天，十几条"V"字形的肌肉条从脊椎骨两侧延展开来。透过半透明的脑组织，脑额叶依稀可见。眼睛马上就发育完全了，即便从卵囊膜外也能得出那两个黑点正目光无神地窥探着周遭的大海。天色渐亮，第五天的朝阳即将升起，微弱的光线下，依稀可以看见头部下方有个薄壁囊体，囊体呈深红色（拜其内的血流所赐），它颤抖了一下，随即有节律地搏动起来，只要思康博一息尚存，它就将一直搏动下去。

第五天，卵囊的发育速度急剧加快，好似要尽早为即将到来的孵化做准备。不断加长的尾部末端凸显出一段细长的组织轮廓——那是鱼鳍部分，将来会有许多小鳍像风中挺立的旗子一般在那里成形。小鱼腹部有个贯穿鱼体两侧的开槽，其上有一块大肌肉群（由七十多块肌肉构成），能够很好地保护开槽。此刻开槽正不断生长并向下延伸，最终形成消化道。搏动的心脏上方，口腔也不断扩大加深，不过离消化道还很远。

在此期间，在海风的驱动下，表层洋流一直有条不紊地往西南方向流动，同行的还有成片成片的浮游生物。鲭鱼产卵后的六天时间里，海里的猎食者只增不减，此时半数以上的鲭鱼卵要么被蚕食，要么在发育过程中死去。

夜晚是最危险的时段。天空特别暗，夜空下的海波澜不惊。那几晚，海面上有无数浮游生物发出亮光，其数量之多、光芒之耀眼仿若夜空中的群星。海面下，成群的栉水母、箭虫、桡足类、小虾米、海蜇以及透明的翼蜗牛纷纷游到上层海域，在黑暗的水中闪闪发光。

随着地球的自转，浓郁的黑暗被东方的第一缕光亮稀释了。浮游生物纷纷趁太阳升起前逃离海面，海水自上而下涌现一股奇怪的骚动。除非乌云蔽日，否则这些浮游生物当中只有一小部分能忍受白天海面上的日照。

不久之后，思康博将和其他幼年鲭鱼组成大军，白天在深绿色的水域穿行，等地球转向黑暗后，再浮上海面。可此时的它们仍被禁锢在卵囊之中，无法自由行动。海水不同水层的比重不同，因而卵囊会悬浮在与自身比重等同的那层，并在其间水平移动。

到了第六天，洋流载着鲭鱼卵漂过一个巨大的沙洲岛，岛上寄居着密密麻麻的海蟹。此时正值海蟹的产卵季，在雌蟹体内待了整整一冬的蟹卵纷纷倾巢而出。刚孵化的幼蟹个头很小，形似小矮人。幼蟹一孵化便立马向上层水域进发，一刻也不耽搁。几次蜕皮换壳之后，它们将告别幼体，变身为成年海蟹。在此之前，它们要先和浮游生物共度一段时光，然后才能加入栖息于海底平原的成年海蟹的行列。

这会儿，每只新生的海蟹都有规律地划动着外形酷似魔杖的附肢，加速前行，它们个个都睁着黑鼓鼓的大眼睛，时刻准备着用锋利的吻擒住海里任何能吃的食物。这天余下的时间里，幼蟹与鲭鱼卵一同被洋流裹挟着前行，与此同时，幼蟹也大快朵颐了一番。傍晚时分，两大不同方向的洋流对搏良久，一波是潮汐，另一波是受海风驱动的洋流，结果大部分幼蟹都被带到了海岸，而鲭鱼卵则继续向南漂游。

从海里显露出的一些征兆来看，鲭鱼卵还将继续南移。幼蟹孵化前的那晚，南海的淡海栉水母①发出绿色荧光，耀眼的荧光点一直绵延到海面数英里之外。淡海栉水母的纤毛触手闪着光，日间耀眼如彩虹，夜间灵动如绿宝石。此时此刻，温暖的表层水域首次出现了南海的霞水母②，它们有节奏地游动着，拖着几百条触须，海水从触须间流过，而小鱼和其他猎物则被缠住了。一连好几个小时，大海里涌现大批樽海鞘，它们形如转筒，一圈圈肌肉环依附在透明的躯干上。

第六天晚上，鲭鱼卵小而糙的外膜开始破皮，一条又一条小鱼苗突破幽闭的卵囊，初次尝到了大海的滋味。可它们实在太小了，二十条鱼苗首尾相连排成一排也不过一英寸长。孵化的小鲭鱼里，思康博就是其中之一。

当然，它还只是条未成形的小鱼。它看上去几乎就像早产儿，完全没准备好该如何照顾自己。它的鳃裂虽已成形，但尚未与喉管连通，因此还无法呼吸。它的吻还只是个隐蔽的囊。所幸的是，新孵化的小鱼仍与卵黄囊相连，卵黄囊给小鱼提供食物养分，直至其能张开吻吞咽食物为止。卵黄囊笨重得很，因此小鲭鱼不得不倒挂着身在海里漂浮，完全无法自如地控制身体。

接下来的三天，小鲭鱼的生命将迎来翻天覆地的变化，它身体的各个部分将进一步发育。吻和鳃裂将发育完全，鱼鳍将从后背、身体两侧及下身长出，并逐渐得力，直至可自如游动。它的眼睛会变为深蓝色，此时应该已给大脑传递出了第一波视觉信号。卵黄囊将逐渐萎缩直至消失，那时的思康博将发现自己终于能正过身，可以弓着肥圆的身体摆动

---

① 淡海栉水母成年后体长可达四英寸，常成群出没于长岛至卡罗来纳州一带。它们周身透明闪亮，能发出强烈磷光。

② 霞水母是大西洋滨海一带体型最大的水母。在寒冷的北部海域，霞水母的钟型身体长达7英尺半，触须则长达100英尺，不过其庞大躯体中95%都是水分。常见尺寸为4英尺长，触须30~40英尺长。

鱼鳍在水中波浪式前行了。

　　顺着洋流，它日复一日地南下，但对此浑然不觉。它那羸弱的鱼鳍丝毫敌不过洋流的力量。于是它随波逐流，成了浮游生物大家族中的一员。

第八章　浮游生物猎食者

春天的大海里满是匆忙洄游的鱼。尖口鲷①正从弗吉尼亚海角附近的过冬地向北洄游到新英格兰南部的沿海水域，它们将在那里产卵。成群的幼年大西洋鲱鱼紧贴着海面游过，泛起轻薄的浪花。大西洋油鲱②则排成紧密的鱼阵成群游过，在阳光下反射出古铜色和银色的光泽。对密切留意鱼群动向的海鸟而言，油鲱好似一片从深蓝海面快速翻滚而过的乌云。混杂在大西洋鲱鱼和油鲱之间的是晚到的河鲱，它们正顺着海道游回自己的河流出生地。而在这纵横交织的银色鱼线间，最后的一名成员是闪着蓝绿光泽的鲭鱼。

此时，洄游的海鱼在刚孵化的鲭鱼苗间匆忙穿梭。海面上响起振翅声，这个迁徙季的第一批黄蹼洋海燕从遥远的南方飞回大海了。海燕身姿轻盈，在平缓的海岩间纷飞，偶尔俯身叼走海面上漂浮着的浮游生物。它动作流畅优美，好似在花丛中盘旋起舞，吸食花蜜的蝴蝶。这些小海燕对北国的冬天一无所知，因为等冬天到来时，它们早已启程飞回彼时正值夏日的远在大西洋和南极洲的南方海岛，归巢哺育幼雏去了。

有时，海面上白浪四溅，一连持续好几个小时，这是塘鹅迁徙群路过的缘故。它们奋力振翅从高空直击水面，划动蹼爪，深潜入水追捕

---

① 尖口鲷周身呈古铜色或银色，大量分布于马萨诸塞州和南卡罗来纳州。它们通常栖居于海底，但有时也会和鲭鱼一样结群在海面巡游。

② 大西洋油鲱形似大西洋鲱鱼，从新斯科舍至巴西均有分布。油鲱不算食用鱼，大量捕获的油鲱被用于提取鱼油或是制作饲料或肥料。它几乎是所有大型鱼类的猎物。

海鱼。它们是最后一批春迁者，目的地是加拿大圣劳伦斯湾的多岩山脊。洋流持续南下，鲨鱼追捕大西洋油鲱群时闪现的灰色身影越发常见。白日之下，鼠海豚的背鳍闪闪发光，而背上长满藤壶的老海龟在海面畅游。

思康博对它所生活的世界还颇感陌生。它的首份食物是海水中极微小的单细胞浮游藻类，先吞入海水再由鳃耙滤出海水留下藻类，以这种方式来摄食。随后，它学会了捕食沙蚤大小的甲壳类动物，先潜入漂游的浮游生物群，再飞快地猛咬一口，新食物就到口了。跟其他小鲭鱼一样，在白天的大部分时间中，思康博都待在海面以下好几英寻的地方，等暗夜的海里再次闪现浮游生物发出的磷光时，它才重新浮上水面。然而，这上上下下的变化并非鲭鱼自发，而是它们追随食源的结果。因为此时的思康博尚且分辨不出白日与黑夜，也分不清浅海与深海。不过，有时它也会摆动背鳍在白天浮上来，那时的海面闪着金绿色的光芒，各类游动的身影在它眼前一闪而过，轮廓无比清晰。

在表层水域，思康博第一次体会到了被追捕有多可怕。第十天的清晨，它没有像往常一样待在温柔幽暗的深水，而是继续漂浮在水面。清澈碧绿的水面上突然聚集了十几条闪着光的银色海鱼。它们是鳀鱼①，体型小，酷似大西洋鲱鱼。最前面的那条鳀鱼一瞥见思康博，便急转身，张大嘴，向它疾速追去，准备一口吞食掉这条小鲭鱼。思康博惊慌失措，急忙转身，不过它才刚学会怎么游，只好在水里费力地打滚。千钧一发之际，从相反方向游来的第二条鳀鱼撞上了第一条，在混乱之中思康博往下猛游才得以脱身，不然的话只差几毫秒就要被抓住吃掉了。

此时此刻，思康博惊觉自己置身于一大群鳀鱼之中，约有几千条。它被银色的鱼鳞团团围住。鳀鱼横冲直撞，思康博几乎无路可逃。海面

---

① 鳀鱼个头较小，形似鲱鱼，周身呈银色。它们通常结群而行，被许多体型稍大的肉食鱼所猎捕。常见的鳀鱼体长一般在2~4英寸左右。

波光闪闪，鱼群紧贴着海面从思康博头顶、腹下、周边穿梭而过，急速前行。此刻没有任何一条鳀鱼会留意到这条小小的鲭鱼，因为整个鱼群都在全力逃跑。一群年轻的蓝鱼嗅到了鳀鱼的味道，于是调转方向，迅速发起追捕。一眨眼的工夫就逼近猎物了，它们凶猛狂躁，好似一群饿狼。领头的蓝鱼猛扑过去，长满利齿的上下颚一张合，就咬住了两条鳀鱼。瞬时，两具伤口整齐的鱼头和鱼尾顺势漂走，血腥味还留在海水里。血腥味好似让蓝鱼着了魔，它们左右狂咬，一路逼到鳀鱼群的正中心，把鱼阵的队列全打散了。小鱼惊慌失措，四处逃窜。许多鳀鱼猛冲向海面，飞入另一个陌生的世界，而等待它们的则是盘旋着的海鸥。它们是蓝鱼的猎食同盟。

大屠杀仍在上演，清亮的绿色水面慢慢被染成了猩红色。铁锈色的海水里混入了一种奇怪的新味道，流入思康博的嘴和腮之中。对于一条从未尝过血腥味，也未曾经历猎食者强烈的捕食欲的小鱼而言，这味道令它感到不安。

捕食者和被捕者终于散去，连最后一条疯狂掠食的蓝鱼也静了下来。思康博的感官细胞再一次感受到了大海强烈而平和的节奏，天地间只剩潮汐的节奏还在继续。小思康博在经历大怪兽的旋转、撕扯和咬食之后，感官几乎都要麻痹了。看到鱼群幻影时，思康博在明亮的表层水域。现在鱼群已游过，它慢慢游离明亮的水域，受黑暗的牵引，一步步进入暗绿色的深水之中。周遭潜藏的一切危险，都遁入黑暗。

下沉着下沉着，思康博忽地闯入一片食物云之中，那是一大群上星期才在这片水域孵化的甲壳类动物幼虫，个个顶着大脑袋，全身透明。幼虫身体纤细，从身体两侧伸出的附肢如羽毛般在水里划动，游得时断时续。几十条幼年鲭鱼开始捕食甲壳类幼虫，思康博也加入其中。它抓住了一条幼虫，用上颚压碎其透明的身体后再将其一口吞下。它兴奋起来，迫切渴望更多食物，于是便冲入漂浮的幼虫群之中。此时的它被饥饿感牢牢擒住，对大鱼的恐惧感早已烟消云散，仿佛不曾有过。

正当思康博在水面以下五英寻的墨绿色海域追捕甲壳类幼虫时，它看见一道刺眼的强光弧扫过自己的视野。强光刚过，紧接着又闪现一道色彩斑斓的光束，光束向上弯曲，靠近上面的椭圆球之后似乎变得更强了。触须又一次伸了下来，每根纤毛都在阳光下闪耀。思康博的本能警示它此处有危险，虽然在它的幼鱼生涯中还从未遇见过侧腕水母①和栉水母这些幼鱼共同的天敌。

突然间，栉水母的其中一条触须快速伸向身下两英尺处（自身才只有一寸长），好似一段从手中掉落散开的线头，敏捷地缠住了思康博的尾巴。触须有一圈圈发丝般的横向螺纹，好似鸟羽羽干上长着的倒钩，不同之处在于水母触须上的一排排倒钩像蛛网一样纤细、轻薄、透明。触须上的每圈螺纹都会分泌黏稠的黏液。思康博被一圈圈螺纹牢牢缠住，几无逃脱的希望。它奋力挣扎，用力甩动鱼鳍，扭动身体。可触须一点点收缩、胀大，从发丝一般粗到细线，再到鱼线一般粗，将思康博一步步送到栉水母嘴旁。栉水母在水里轻柔地旋转着，而此时的思康博距离其冰冷、光滑的体表不足一英寸。这只体型如醋栗的海洋生物悬在水中，嘴朝上，靠栉板上的八条纤毛带简单而有规律的划动来维持身体平衡。穿入海面的阳光把纤毛照耀得通透明亮，而思康博正沿着敌人光滑的身体被一点点拽上来，纤毛反射的阳光亮得让思康博几乎什么都看不见。

再过一会儿，思康博就要被吸入水母叶片般的嘴唇，继而进入胃中被消化掉了。但此时的它暂时得救了，因为栉水母抓到它时正赶上它还

---

① 侧腕水母是一类个头很小的栉水母，只有半寸到一寸长，不过它们的触须很长，有的是白色，有的是粉色。当它们大批出没时，能捕食大量幼鱼。

在消化另一顿大餐。它嘴里还伸着一条大西洋幼鲱的鱼尾和身体的后三分之一，那是它半小时前捕到的猎物。栉水母的身体膨胀得厉害，因为幼鲱个头太大，无法全部吞下。不过它用力收缩，想把一整条幼鲱都塞入口中，但于事无补。于是只得等待，等消化掉一部分鱼身，腾出空间后再吞入鱼尾部分。思康博处在候补席，等吃完幼鲱就轮到它了。

尽管思康博剧烈挣扎，它依然逃不出盘根错节的触须网，时间一分一秒的过去，它挣扎的气力也变得越发微弱。栉水母扭曲着身体，将幼鲱的身体一步一步地送入致命的胃中，这一进程势不可当。胃里有消化液和消化酶，能通过精妙的生化反应将鱼体组织转化为栉水母身体所需的养分，且转化速度极快，快到不可思议。

这时，一团黑影投在思康博身上，挡住了光线。一只体形如鱼雷的巨大生物从栉水母后方向其逼近，张开幽深的血盆大口，转眼就将栉水母、半消化的幼鲱和被困的思康博都吞了下去。这是一条两岁大的海鳟鱼，它含住栉水母水状的身体，试着用上颚将其咬碎嚼了嚼，随即厌恶地吐了出来。思康博也一同被吐了出来，它全身伤痛、精疲力竭，几乎半死不活，但好歹挣脱了栉水母的魔爪。

思康博的视线中忽地浮现出一大团海藻，或许是被潮水从附近的海床或是从遥远的海岸卷来的。它悄悄钻入海藻的叶状体中，随海藻漂浮了一天一夜。

当晚，成群的小鲭鱼贴着海面巡游，殊不知此举竟让它们躲过了死亡海域。因为它们身下十英寻处漂着层层叠叠的几百万只栉水母，身体几乎都要贴到一块儿了。它们旋转着、抖动着，触须极尽所能地往远处伸，所到之处，小型生物几乎全被赶尽杀绝。那天晚上少数几条误入歧途，沉到密密实实的栉水母层的小鲭鱼再也没有游回来。水面越发昏暗，浮游生物群和许多幼鱼追随灰暗沉入水下，而等待着它们的将是死亡。

栉水母族群绵延数英里，所幸它们待在深水域，只有极少数会浮到上层水域。海洋生物常常以这种方式分层，层与层之间互相隔离。但第二晚，大型的淡海栉水母闯入上层水域肆意游荡。黑暗的海水中，凡是被它们的绿色荧光照亮的地方，就有一群小型海洋生物蒙受灭顶之灾。

后半夜，卵形瓜水母大军来了，它们是栉水母中的同类相残者，身体是个粉红囊，跟人的拳头一般大。卵形瓜水母一族正乘着来自大湾区盐度更低的潮水往沿海水域迁移。大海将它们带到了栉水母群所活跃的水层。面对小型的卵形瓜水母，大型栉水母兵败如山倒。卵形瓜水母吃掉了成千上万只栉水母。它们蓬松的囊体可以膨胀数倍，胃部刚被食物塞满，因其惊人的消化速度，马上就又腾出了更多新空间。

当晨光再一次洒向海面时，侧腕水母族群的数量已减少到只剩原先的零头了。它们所经过的水域此时都异常安静，因为那些地方几乎已没有多少活物。

第九章　海湾

　　随着太阳潜入巨蟹宫，思康博也抵达新英格兰的鲭鱼海域。乘着七月的第一波朔望潮，它被带入一个小海湾中，大陆突起的一角将小海湾与大海隔开，使其免遭风暴侵袭。在数百英里之外的南部历经风浪，孤苦无依的思康博终于回到了小鲭鱼真正的家园。

　　出生后第三个月，思康博体长已长到三英寸有余。在一路北上的旅程中，幼鱼不成形的身体线条如今已被打磨成纺锤形，肩部透着力量，狭长的胁腹则昭示着速度。如今，它已披上了成年鲭鱼的外衣。它全身长满鱼鳞，但鳞片非常细小，摸上去光滑柔软，好似天鹅绒。后背是深蓝绿色，那是深海的颜色。而深海，思康博至今还没去过。蓝绿色的背上长着不规则的黑色条纹，从尾鳍一直延伸到胁腹中间。腹部则闪着银光，有时它紧贴着海面巡游时，阳光会洒在它身上，反射出彩虹般的七彩光芒。

　　这片海湾的水体富含养料，因而聚居着多种多样的幼鱼——有大西洋鳕、大西洋鲱鱼、鲭鱼、青鳕、青鲈①，还有银边鱼。每隔二十四小时，潮水涨两次。每次潮水都从远海流入狭小的海湾入口，入口的一侧围着长长的海堤，另一侧靠近石岬。巨量的涨潮水涌入狭长的水道，水流异常湍急。涨潮水翻滚着流入海湾，带来丰富的浮游生物，潮水前行过程中还会夹带上不少原本栖息在海床或附在礁石上的其他小型海洋生

---

① 青鲈体色较深，身体狭长，背鳍多刺，多见于拉布拉多州和新泽西州滨海。

物。每隔二十四小时，小海鱼也跟着兴奋两次。海水清澈、味咸，与淡水对比鲜明，每当海水灌入海湾，小海鱼就激动地捕食，尽享大海借潮水带给它们的馈赠。

在海湾生活的众多小海鱼中，有好几千条鲭鱼。在生命最初的几个星期里，它们各自在迥然各异的沿海水域度过。它们或随着潮水起落来到海湾，或是自己漫游而来。强烈的群居本能已在小鲭鱼体内萌生，很快它们就集聚成群了。每条小鲭鱼都经历了漫长的洄游才来到海湾，如今的它们每天都活得很满足。它们在长满海藻的海堤旁漫游，感受海水一点点漫过小海湾的暖影。它们游向前迎接潮水，急不可耐地等待成群的桡足类和小虾米，而潮水则从未让它们的期待落空。

海水从狭窄的湾口涌入，乘着漩涡，环涌向前奔流，水流灌入洞穴后在其上打转了几圈，擦净了污浊的海底，随后拍击在礁石上溅起白色水花。这里的潮水来势凶猛，且暗藏诸多不定因素。涨潮和退潮的确切时间点在海湾内外并不同步，湾口两侧水流轮转，水势强弱的抗争永不止歇。附着在海湾礁石上的海洋生物热爱这迅疾的水流和一刻不停的漩涡涌流。它们的触须和螯爪从深色暗礁和长满海藻的岩脊中伸出，热切地捕食着海水里可供食用的生物。

一进入湾口，海水就沿着海湾扇形的轮廓展开，从海湾东面的老海堤急速流过。水花拍打着码头的木桩，水流则拉拽着锚在岸边的渔船。海水流入海湾西面后，海面上顿时映出橡木丛和雪松丛悬垂的枝条，水流拂过海湾边的鹅卵石，发出轻柔的声响。到了海湾北面，水流薄薄地漫过浅滩，浪际线以上的水面闻风而动，浪际线以下的海水则随波起伏。

海水将一批又一批的海藻带入海湾，于是大部分海床都长满了齐腰高的海藻。海底但凡有礁石的地方都会慢慢变成水下花园。海面上空的海鸥和燕鸥往下看，海床上礁石林立，幽暗处蕴藏着茂密的海藻丛，海水在海藻的搅动下显得杂色斑驳。海藻丛之间隔着些许光秃秃的沙地，海湾内大量小海鱼群都从四面八方涌到了这一带。闪亮的绿色鱼群和银色鱼群在海藻丛间游进游出，有时突然转向，有时兵分两路，有时又重新聚首。有时天敌突然光顾，一小群鱼随即如流星雨一般飞离水面。

遵循着大海的航线，思康博也来到了这个海湾。它乘着潮尖，冲着、撞着、旋转着游入海湾。随后，它想寻觅一片静水，于是便游到了海藻丛间的沙床，并在其间穿梭。它游到了老海堤一带，上面长着又浓又密的海藻，有棕色、红色还有绿色的，像多彩的壁毯。思康博游入沿着海堤壁前行的急流之中，这时一只体色较深、身型短而胖的小海鱼突然从海藻丛间急速窜出，思康博一惊，立马转向。这是一条小青鲈，它和同类一样，爱码头，也爱海湾。它从出生起就一直在这片海湾生活，大部分时间都在海堤渔船码头的庇护下活动，既啃食附着在码头木桩上的藤壶和小扇贝，也在木桩和海堤的海藻丛间周旋，寻觅在其间出没的片脚类动物、苔藓及其他海洋生物。只有最小的鱼才会沦为青鲈的猎物，不过倚仗它出其不意的猛冲功夫，它能将个头更大的鱼赶出自己的捕食地盘。

思康博沿着堤坝继续往上游，游到了一片幽暗静谧的海域，海面上拖着渔船码头长长的阴影。一大群鲱鱼苗从黑暗中冲出，猛地向它袭来。阳光照在鲱鱼的鳞片上，折射出翡翠色、银色、青铜色的光斑。它们正忙着逃命，躲避天敌的追赶。追捕它们的是条幼年青鳕，在海湾一带活跃，靠恫吓捕食其他小鱼为生。在鲱鱼苗的团团包围之中，思康博体内悄然萌生一股新冲动。它掉转身体，拐了个大弯，咬到一条小鲱鱼。鲱鱼鱼身横在嘴两侧，思康博尖锐的牙齿嵌入鲱鱼柔软的组织中。它带着鲱鱼游入深水域，停在摇曳的海藻丛上方。它将鱼身撕成几片，三两口便悉数咽下。

思康博刚抛下猎物，青鳕就掉头继续寻觅，以期捕获仍在这片水域活动的鲱鱼苗。一瞥见思康博，青鳕便转身向它俯冲过去，可惜对它而言，如今的思康博个头又大游得又快，根本不可能奇袭成功。

这条青鳕在缅因州海岸附近的冬海出生，今年两岁，这是它过的第二个夏天。当它还是小鱼苗，身体才一英寸长时，曾被洋流裹挟着南下，游至远离出生地的海域。长大一些后，靠着新得力的鱼鳍和背肌，它逆流而上，回到出生地的沿海浅滩。到那儿之后，它继续南下远游，趁其他海鱼在近海产卵之际，大开杀戒。青鳕个头虽小，但凶猛强健，食欲旺盛。它能打散数千条的鳕鱼苗群，使其陷入恐慌，再一举将其击溃。溃败的鱼苗惊恐万分，几乎处于半瘫痪状态，只得躲入海藻丛中或礁石缝隙间。

那天清晨，青鳕捕食了六十条鲱鱼鱼苗。到了下午，沙鳗①趁涨潮钻出泥沙觅食，而青鳕则在海湾的浅滩一带反复巡游，一有尖鼻小银鱼出现便扑上前捕杀。去年夏天，彼时青鳕才一岁，对它而言沙鳗是海里最可怕的天敌。当时沙鳗对青鳕鱼苗穷追猛赶，一旦瞄准弱小者，便如长矛般猛扎过去。

日暮时分，思康博与其他几十条小鲭鱼聚成一群，待在距水面一英寻的蓝灰水域。大批浮游生物开始出没，因此对鲭鱼而言，此时是绝佳的捕食时机之一。

海湾内风平浪静。不时有海鱼浮上来，顶破薄如翼的水面，窥探陌生世界里的穹顶。清灵的钟声缓缓响起，钟声穿过水体，直抵远处的礁石和沙洲岛。在海底栖息的寄主有的钻出洞穴、泥道，有的爬出石底，

---

① 沙鳗又名玉筋鱼，体型纤长而浑圆，酷似小鳗鱼。它常在潮际线一带活动，退潮时将自己埋入泥沙中。跟其他小型鱼类一样，它也是许多海洋捕食者（如长须鲸）的猎物。

还有的暂时松开码头木桩，游入上层水域。

　　海面上，落日最后一抹余晖退去前，浅滩水域沙蚕遍布，思康博的肚皮两侧开始一张一弛地收缩，幅度小但节奏快。沙蚕体长六英寸，身体中部有一紫环，是浊水中的小水怪。海湾浅滩上，成百上千条的沙蚕钻出沙穴，顶开贝壳。白天，它们或躲在幽暗的礁石下，或藏在盘错的苦草根间。这样，底栖蠕虫或片脚类动物一靠近，沙蚕就可以用头凶狠猛烈地扎过去，再用琥珀色的吻一口将猎物擒住。但凡在沙蚕洞穴附近徘徊的小型底栖生物，都躲不过它埋伏已久的利颌，可谓死劫难逃。

　　白天，沙蚕待在自己地盘，是个凶悍的捕猎小能手。可一到傍晚，雄性沙蚕就离开沙穴，成群结队地游向银色的海面。夜幕降临，苦草根一带迅速暗了下来，上方礁石的黑影拉得好长，雌性沙蚕则依然待在洞穴中。它们身上没有成对的紫环，身体两侧的附肢细长而脆弱，不像雄性沙蚕，它们的附肢发育成了宽厚善游的鳍状前肢。

　　日落前，一群大眼虾游入海湾，尾随其后的还有更多幼年青鳕。一大群银鸥也一路盯着它们的行踪，直至夜色暗下才散去。虽然大眼虾的身体是透明的，但身体两侧长着一排鲜艳的斑点，因而在银鸥看来，虾群好似一团由无数红点组成的游云。虾群在海湾中横冲直撞，它们身上的斑点在黑暗的水中发出强烈的红色磷光，与栉水母发出的银绿色光芒交相辉映。对思康博而言，如今的栉水母已不再可怕。

　　到了晚上，许多形态奇特的生物进入渔船码头附近的水域，此时，幽暗静谧的水下，一大群幼年鲭鱼正结队组群。闯入海湾的不速之客原来是一帮鱿鱼，它们是所有幼鱼的宿敌。这批鱿鱼是春季来的，它们刚在公海过完冬，一路巡游而下，好靠大陆架一带的大批鱼群饱食一整个夏季。洄游的海鱼繁殖完后，它们年幼的后代便游入海湾寻求庇护，而贪食成性的鱿鱼此时正慢慢靠近海湾。

第九章 海湾

退潮期开始了，鱿鱼逆潮游入海湾，那里有思康博和它的同伴。鱿鱼悄无声息地逼近，几乎没有任何征兆。它们游得很静，比拍打在渔船码头的水花声还小。它们出击了，如箭般飞快地切入潮水，追逐水中闪光的尾流。

晨光熹微之时，鱿鱼发起了全面攻势。第一条鱿鱼像一发出膛的子弹，猛冲入鲭鱼群中，突然往右斜斜地一转，向一条鲭鱼发起了致命的一击，鱿鱼的利吻在其脑后方留下一枚清晰的三角形伤口，深入脊髓。这条小鲭鱼还没来得及认清天敌，还没来得及害怕，就已当场死亡。

与此同时，又有六条鱿鱼冲入鲭鱼群，不过此时的鱼群已被第一波奇袭打散，小鲭鱼向四面八方逃窜。追逐大战拉开序幕。鲭鱼跑得团团转，鱿鱼则穷追猛打。鲭鱼时而猛冲，时而侧身，时而扭转身体，时而急转弯。鱿鱼瓶状的身体一抽动便可在水中急速前行，伸出触手捕食猎物。只有使尽浑身解数，全力以赴，小鲭鱼才得以逃脱。

第一波混战过后，思康博匆匆游向码头附近的阴影处，沿着海堤向上赶超，期间在那里的水藻丛里找到了庇护所。许多逃出的鲭鱼要么躲到了这儿，要么游向海湾的开阔水域，四散开来。鱿鱼发现鲭鱼都逃散之后便潜入海湾底部，它们体内的色素也随之发生了细微的变化，变得和海沙颜色相近了。过了不久，即便是眼神最犀利的海鱼也察觉不到它们的去向了。

渐渐地，鲭鱼忘了惧怕，或独自或三五成群地漫游回它们之前所待的码头，等待潮水变向。鲭鱼一条又一条地游向鱿鱼的隐形潜藏之处，突然间，一座水丘状沙墩从底部掀翻，将它们逮了个正着。

一整个早晨，单凭这一战术，鱿鱼向鲭鱼发起了一轮又一轮的进攻。只有那些一直躲在石堤海藻丛里的鲭鱼才得以幸免于难。

满潮之际，海湾内的潮水翻腾咆哮，大批沙鳗奋力游向海岸。紧随其后的是一小群大西洋鳕。这种鳕鱼体长跟人的前臂差不多，体型纤长且肌肉壮实，尾部闪着银光，牙齿锋利如柳叶刀。潮水从远海带来丰富的桡足类，沙鳗刚在浅滩区现身准备捕食，离海湾沿岸还有两英里的距离，鳕鱼群就对其展开攻势。沙鳗惊恐万状，落荒而逃，它们若分批逆潮游向大海，就能找到安全地，可惜它们顺潮游向海湾的浅滩区。

沙鳗向前逃，大西洋鳕在后追，将上千条体型瘦小、只有一指长的小鱼苗赶得团团转。思康博躺在水下一英尺处，绷紧神经，背鳍不住地抖动，感受着拼命逃窜的沙鳗和紧追不舍的鳕鱼群之间引发的水体断断续续地震动。思康博周围的水体不断闪现急速鱼影，它潜入码头阴影区，藏到一堆水藻丛中。以前它惧怕沙鳗，可如今它的个头已跟沙鳗一般大，不必再怕。但水体里依然凶兆暗涌，厮杀与危险不得不防。

沙鳗渐渐游近海湾浅滩，它们身下的水体也越发稀薄。可它们满脑子都是对鳕鱼的恐惧，丝毫没有留意到浅滩水域的危险，于是成百上千的沙鳗就此搁浅。沙滩逐渐被染上银色，当海鸥意识到翻滚的海浪下发生了什么之后，个个激动不已，尖叫不停，它们早在海湾外就盯上沙鳗了。黑头笑鸥和灰翼银鸥扑腾着翅膀飞下来，纵身钻入海面，海水漫过双肩，啄起沙鳗，同时还尖声威吓其他刚赶来赴宴的新手，虽然沙鳗多得足够填饱每一只海鸥。

沙鳗的尸体堆叠在倾斜的沙滩上，足有好几英寸高。几十条大西洋鳕在穷追猛赶过后刹不住车，也冲上沙滩，此时潮水更迭，退潮开始，它们已无路可逃。潮水退去时，沙滩裸露出银色的沙鳗尸体，绵延达半英里，其间还散落着几条鳕鱼，体型比沙鳗大很多。鱿鱼受屠杀吸引，尾随沙鳗进入浅滩区，其中也有不少在捕食途中搁浅。方圆几英里的海鸥、鱼鸦还有海蟹和沙蚤都齐聚一堂，共享美食。到了晚上，海风和潮水轮番上阵，把沙滩清理得干干净净。

第九章 海湾

第二天一早，一只身披红、黑、白三色羽翼的小海鸟降落在海湾入口处的礁石上，它蜷伏下身，打起盹做起梦来。等涨潮期过了整整四分之一，它才直起身啄食了几只附在礁石壁上的小黑蜗牛。原来昨晚它从遥远的北方飞抵这片海域时，正赶上西风，肆虐的海风几乎把它刮回远海。它与海风奋战了一整晚，疲惫不堪。它是一只赤翻石鹬，而赤翻石鹬是第一批秋季迁徙大军中的一员。

七月已临近尾声，八月即将到来，温暖的西风遇上了凉爽的海上空气，海湾被水雾笼罩，浓得几乎要滴下水来。一枚雾角安置在距海岸一英里的方位，尖锐的雾笛声穿透浓雾，日夜不停，响彻每一片礁石和沙洲。一连七天，海湾内都听不到渔船引擎发出的隆隆响声，海上一片死寂，唯一移动的便是海鸥跟苍鹭。海鸥能在浓雾中辨认方向，而苍鹭闻到渔船船舱内饵料的香味，受此吸引才飞到渔船码头休憩。

浓雾终于散去，蓝天碧水紧随其后，一连数日都是如此。这段日子，滨鸟群匆忙前行，从海湾飞过，好似秋日里被风吹起的片片棕叶。它们的离去也预示着夏天的结束。

在沙滩、湿地栖居的生物早早就收到了秋日的讯号，而小海湾里海洋生物则迟钝得多。直到西南风吹起，它们才意识到秋意来临。八月末，内陆刮来的风催生了一场暴雨，天空铅灰一片，比海湾内灰白的水面还黯淡。西南风持续了两天两夜，暴雨倾盆，骇浪滔天。不论涨潮退潮，雨水都无情狠击海水，把波浪都碾平了。涨潮潮水从海堤最上方溢出，漫过不少渔船，渔船船底松动后开始颠簸，引来不少好奇的鱼儿前来嗅探，它们一定觉得船底的形状好怪异。大雨如注，海水一片浑浊，鱼儿都躲到深水域去了，而羽翼湿透、情绪低落的燕鸥则彼此依偎挤成一团，待在海湾入水口的礁石上，什么鱼都看不清。不像燕鸥，海鸥可饱餐了一顿，因为暴风雨潮将许多伤残的动物及其他残骸带入海湾，为海鸥提供了丰盛的食物。

风暴过后的第一天，小海湾内浮现出许多海藻，它们长着狭长的齿状叶，叶状体上分布的气囊形似浆果。等到第二天，水体内出现大量悬浮着的马尾藻，那都是拜墨西哥湾流所赐。海藻的叶状体中还掺杂了不少多彩的小鱼苗，它们也随着墨西哥湾流从远方南下至此，即将在这片热带海域中开始漫长的发育期。

北上洄游期间，不知有多少个日日夜夜，鱼苗都是在马尾藻的庇护之下度过。当海风将马尾藻吹离热带海域的蓝色河流之后，鱼苗也随之一同迁移至沿海浅滩。它们中大部分的余生将在那里度过，直至寒流突然降临，扼杀它们这些无法适应严寒的小生命。

风暴过后，涨潮之处涌现大量海月水母①。对这些美丽的白色水母而言，这是一段命中注定的旅程。自去年冬天起，大海已哺育了它们整整一季，刚开始它们的个头极小，如植物般一动不动地黏附在岩壁上过了个冬天。慢慢长大之后才黏附在海岸线附近海藻丛生的礁石壁或贝壳表面。等到春天，这些小生物身上会长出一排平滑的吸盘。很快，吸盘就发育成喇叭状展开的游泳触角，最终过渡到成年阶段。此时，海月水母在水面附近漂浮，水面上阳光普照，轻风低吟。它们常常聚集在两股洋流的交界处，摆成螺旋状，延绵数英里，暴露于海鸥、燕鸥、塘鹅的视野之中，发出乳白色的耀眼光芒。

不多时，海月水母孵化完了卵，它们会将幼崽安置在吸盘下方像空袖管一样漂浮的组织褶皱处。也许是因为孵化过程耗去了太多心力，它们现在肢体浮肿，卵囊内胀满气体，许多海月水母都侧翻着身，在夏末的海水中无助地悬浮着。这些老弱病残的海月水母将遭到成群的饥饿的小型甲壳类动物的撕咬，有的在撕搏中耗去更多体力，

---

① 海月水母身体扁平如飞碟，体色呈白色或蓝白相间，直径可达一英尺。它在水中游动时仿若一轮明月，故得此名。

有的则被完全消灭。

　　此时，西南方向吹来的暴风剧烈地推搡海水，力度大得连潜伏在深水区的海月水母也感受到了。翻滚的海水裹住它们，并将其急速往岸边赶。在海水的推挤和裹挟下，不知多少水母断了触手，扯破了柔嫩的组织。每次涨潮，潮水都会把更多水母苍白的吸盘冲入海湾，并将其甩至海岸线的礁石上。它们遭受重创之后的身体将再度融入大海，成为其中的一部分，不过在此之前，藏在它们臂膀中的幼水母已释入浅滩。至此，生命的轮回得以完满。即便海月水母的身体已被大海收回留作他用，但它们的幼崽已在岩壁或贝壳上安置妥当，为即将来临的冬天做好了准备。而来年春天，新一批长着喇叭触角的小水母将再度开启海上漂泊沉浮之旅。

第十章　海上航道

这个时节，昼夜等长。太阳沉入波光粼粼的海面下，九月正值月缺之时，月牙细得几乎辨不清。潮水从入海口涌入海湾，拍打在礁石上泛起白色泡沫，随即又回转流回大海。一天又一天，越来越多的小鱼苗随着潮水离开海湾。有一晚，涨潮刚刚开始，幼鲭鱼思康博便感到一丝奇怪的悸动，于是当晚便随退潮潮水游向大海。同它一道出发的其他幼鲭鱼共有几百条，它们在海湾里度过了一整个夏末，如今个个都长得体态分明，身体比人的手掌还长。它们告别了海湾内安逸美好的生活，今后将一直在外海生活，一直到生命的尽头。

入海口水流湍急，鲭鱼任凭退潮急流裹挟着自己前行，不一会儿便绕过了海湾湾口的礁石阵。海水剧咸，且清透冰凉，海浪在撞击礁石和沙洲的过程中化为千千万万的浮沫漂在海水表面，里面蕴含着丰富的氧气。在这段水域穿行时，鲭鱼全身上下（从鱼吻一直到尾鳍）不住地颤抖，它们兴奋异常，已经准备好迎接渴望已久的新生活。在出海口，海鲈的黑影时不时在潮水中闪现，鲭鱼一举将它们赶超，并伺机猎食小型甲壳类动物或沙虫，它们或被海浪从礁石上冲刷下来，或从海峡底部的洞穴中翻卷上来。一瞥到海鲈的黑影，鲭鱼急忙一股脑地冲入潮水，它们游得飞快，银色身影闪现，不一会儿就游过了海鲈蛰居地（冲浪流道）。

海湾外，退潮的湖水水势平稳，但节拍渐渐慢了下来，将鲭鱼带入了更深的海域。这里的海水覆过低洼的暗礁岩脊，距内湾越近，海床越是逐级突起。鲭鱼游过沙洲或海藻丛生的礁石地带时，时不时就能感受到身下洋流的涌动。可随着海底的迅速下陷，海水流经沙滩、贝壳或礁石时发出的低声却越来越遥远，直到某一刻，急速前行的鲭鱼所能听到的大部分声音（潮水起落或其他震动）都只和海水有关。

幼鲭鱼群结伴前行，恍若一条大鱼。虽然没有领队，但每一条鲭鱼都能敏锐地感知到所有其他成员的存在，并体察它们的行动。当鱼群边缘的成员左右转向或调节游速快慢时，其他成员也会一齐跟进。

鲭鱼群时不时会因为水面上出现的黑影而突然转向，那黑影是航线正好闯入了鲭鱼巡游路线的渔船。它们也不止一次因为遭遇刺网阻挠而陷入恐慌，四下逃窜。好在恐慌只持续了一小会儿，因为它们体型尚小，还不至于被网眼卡住。有时，暗水中的黑影会突然向它们猛冲过来。有一次，一只巨型鱿鱼逼向鲭鱼群并穷追不舍，吓得它们在一群两岁大的小鲱鱼间冲来撞去，而此前鱿鱼一直以这些鲱鱼为食。

离开海湾三英里后，鲭鱼再次感受到身下的水域正逐渐变浅，因为它们快游近前方的小岛了。小岛上到处都是海鸟。到了哺育季，燕鸥便会在沙地上筑巢，银鸥则在海滨李或蜡杨梅下哺育幼雏，有时也会把幼崽带到平滑的沿海礁石上。一长排海底礁石从海陆架一直延伸到小岛上，当地的渔夫称其为涟漪礁。海浪拍打在礁石上，化作白色浮沫和多泡漩涡。鲭鱼游过之后，又游来几十条青鳕，它们跃出浪尖又落回海面。月亮刚刚升起，在稀薄的月光下，青鳕的身体反射出微弱的光，白如浮沫。

离开小岛及其礁石快一英里时，出现了五六条鼠海豚[①]，正赶上它

[①] 鼠海豚属齿鲸类，体长约为2米。它背黑腹白，是北海和波罗的海中最常见的齿鲸，在北大西洋、北美洲东岸及太平洋均有分布。以鱼、甲壳动物和乌贼为食。

们升到海面喷水。鲭鱼群被吓得措手不及，恐慌不已。鼠海豚此前一直在底层的砂质浅滩觅食，它们用嘴拱开海床，捕食藏匿在其中的沙鳗。当鼠海豚发觉周围全是鲭鱼后，便用它们的长弯吻以闹着玩的心态咬死了几条。鲭鱼群遇袭后迅速四窜逃离，可鼠海豚并没有去追，因为它们吃了太多沙鳗，肚子撑得都游不动了。

第一抹曙光亮了，此时幼鲭鱼离海湾已有数十英里，它们第一次遇到了比自己年长的同类。一群成年鲭鱼敏捷地游过海面，所经之处激起剧烈水纹。它们的吻划破海面，充满渴慕的双眼直勾勾地凝视前方，透过昏暗的水体仰视水上世界——空气与天空。两群鲭鱼——成年的与幼年的——合二为一了，不过兜了几圈后它们便再度分道扬镳，在汪洋大海中各行己路。

海鸥早早就离开位于海滨岛屿的休憩地了，现在正在海上巡逻。它目不转睛地盯着海面，不放过上层水域的任何变动。太阳升起，阳光穿透海面照亮各层水域，海鸥的视线也随之变得更加清晰。海鸥注意到幼鲭鱼群正在海面一英尺下巡游，鱼群往东六七个海浪处突现两道深色背鳍，利如镰刀刃，正飞速划破水面。因为身在高处，海鸥还辨别得出这两道鳍同属一条巨鱼，它紧贴着水面巡游，只有高高背鳍和尾鳍的前半段露出海面。这是条剑鱼，从剑型吻到尾部全身长达11英尺。它时常紧贴水面闲游，这么做也许是为了用背鳍实测海面波纹的流向，好将自己的前行方向调到与海风一致。这样，它就一定能遇到大批浮游生物，通常还会遇到捕食这些浮游生物的海鱼，因为这些海鱼常常顺着海风搅动水面的方向巡游。

一直密切留意剑鱼和鲭鱼群一举一动的海鸥这时看到西南方向出现很大的异样。无数簇大眼虾的卵顺着涨潮潮水孵化了，潮流在海风的推动下加速涌向海岸。海鸥时常看到幼虾捕食小型浮游生物，可现在它们并不在捕食，也不是随波逐流，而是在逃窜。它们在躲避某些浮出水面张着血盆大口的可怕生物，即大西洋鲯鱼。鲯鱼游姿敏捷，迅猛地捕食着幼虾。幼虾发狂似的划动全身附肢逃命，它们的附肢排列如短桨，高速甩动时好似利刃。逃跑者与捕食者的距离缓慢拉近，这时一只身体透明的幼虾用尽剩余体力跃出水面，好躲避身后张开大口追逐的鲯鱼。但鲯鱼一旦瞄准目标便会穷追猛赶，就算幼虾五六次跃入空中，最终也难逃厄运。

　　随风或随波逐流的浮游生物及靠它们为生的海鱼渐渐向岸边靠近，鲭鱼和剑鱼都是从东北方向游来的。当鲭鱼碰到流云般的浮游虾米网时，它们立即开始激动地捕食虾米。这些虾米个头比在海湾时吃到的大部分食物都大。可不一会儿，它们就发现自己置身于一大群鲯鱼之中，而鲯鱼的个头比它们大多了。鲭鱼群被鲯鱼迅猛的游速吓坏了，赶忙游入深水域。

　　海鸥眼看着那两段黑背鳍沉入海面。剑鱼慢慢下沉，沉到比鲯鱼所在水域还深的地方，而与此同时，它们的轮廓也愈加模糊。海水翻滚，海浪涌动，接下来海面下发生的事海鸥已不能完全看清。可当它们贴近海面，加快振翅频率，并在海面上空盘旋时，它们看到一个巨大的黑影闯入排列紧致的鲯鱼群中，发狂般地旋转、猛冲、扑杀。海鸥或许已意识到，海面下正在上演一场厮杀。当白沫沉寂下来时，已有二十多具鲯鱼尸体漂上海面，背鳍全都断裂了。其他残存的鲯鱼则晕头转向，气力全无，好似被斜擦而过的利剑砍了好几刀。此时剑鱼用长吻猎捕起这些残兵败将就容易多了，不过海鸥也飞近海面准备饱餐一顿，它们抢走了不少死鲯鱼。

　　剑鱼捕杀尽兴，吃光鲯鱼残骸后，便浮上海面。海面上阳光温暖，平静得让它感到昏昏欲睡。鲯鱼群已沉入更深的水域，海鸥也已飞到远处，寻找并等待下一个时机。

海面五英寻处的幼鲭鱼群撞上了一团深红的火云，火云里有几百万只小型桡足类，名叫哲水蚤①，它们正顺着潮水的方向漂流。这些红红的甲壳类正是鲭鱼的最爱，于是它们便大快朵颐起来。涨潮潮水水势趋弱，力量也渐渐式微，弱到无法再承载浮游生物，于是红色火云便沉回深海，鲭鱼则紧跟其后。鲭鱼才潜到一百英尺深，就到了沙砾层底部。它看上去像是平地，又像是一座绵延不绝的海底山丘的高地。山丘蜿蜒至南部，与从西部延伸过来的山丘交接。两座山丘共同构建成一个半圆形的沟壑，里面盈满海水。因为形状酷似马蹄掌，当地渔夫称其为马蹄沙洲。渔夫安置好拖网线，准备诱捕黑线鳕、大西洋鳕，还有单鳍鳕，有时他们也会改用锥状网或网板拖网捕鱼。

鲭鱼沿着沙洲往前游的过程中，发现底部逐层下陷，越陷越深。等它们游到沟壑正中心时，离沙洲最高点已有五十英尺之深。它们身下三百英尺处是一处更深的沟壑，堆积其上的并非沙砾石和碎贝，而是松软黏稠的底泥。沟壑这一带生活着许多无须鳕②。它们紧贴底泥，拖着细长而敏感的尾鳍，在一片漆黑中觅食。鲭鱼对深海感到本能的恐惧，在恐惧的驱使下它们调转方向沿着沙洲的斜坡往上游去。刚刚它们离底部只有一尺之遥，对于习惯在表层水域生活的幼鱼而言，那是个新鲜而陌生的世界。

鲭鱼游经沙洲时，沙石中有许多双眼睛都奋力往上窥视，鲭鱼的一举一动全被它们看在眼里。窥视者中有黄盖鲽，也有身灰体扁的比目鱼。它们喜欢将身体半埋在薄沙里，这样既能躲开大型掠食性海鱼的视

---

① 哲水蚤是一种小型甲壳类，体长约为1/8英寸。在繁育季出没于新英格兰海域，规模极其庞大。它是鲱鱼、鲭鱼及格陵兰鲸的主要食物，因而具有可观的经济价值。

② 无须鳕和黑线鳕同属鳕鱼类，但它的身体比一般的鳕鱼狭长得多。其典型特征是从背部延伸到尾鳍的长背鳍，据说该背鳍可敏锐感知潜在猎物。

线，又不至于惊动在沙洲底部附近转悠的小虾小蟹，以便将其择机捕食。比目鱼的嘴唇四周长满尖牙，张大嘴时上颚能够和眼睛一般高，这一特征暴露了它们偶尔会猎捕海鱼的天性。但鲭鱼太活跃，游速太快，比目鱼实在禁不住诱惑，便从藏匿处现身，展开追捕。

幼鲭鱼游经沙洲时，通常会有一条背鳍长而尖、体格壮硕的巨型黑线鳕[①]机警地潜伏在附近水域，它悄悄游过，旋即又再度将自己包裹在黑暗之中。马蹄沙洲一带的黑线鳕数量众多，因为这里有丰富的贝类和棘皮类，还有黑线鳕爱吃的龙介虫。鲭鱼好几次都撞到一小群（十几条或更多）黑线鳕，它们像猪一样用嘴拱底层泥沙，想挖出软沙中的海蚯蚓，因为海蚯蚓的洞穴都深藏于软沙之下。黑线鳕不断用嘴翻挖泥土，身体两侧的黑线（又名"恶魔之痕"）在微弱的光线下闪现得格外分明。它们继续挖掘，完全没留意到身边吓得疯狂摆尾、夺命而逃的幼鲭鱼。实际上，沙底食物丰富时，黑线鳕很少捕杀海鱼。

这时，一条形如蝙蝠，翼展达九英尺的巨型生物浮出泥沙，它抖了抖轻薄的身体，便紧贴海底前游，这是一条刺鳐。它看起来邪恶而有威慑力，吓得幼鲭鱼群急忙往上游了好几英寻，直到刺鳐的身体从视线中消失为止。

在一处陡峭的岩脊前，鲭鱼撞见了一个不明物件。它在水里随着潮水的起伏摇来摆去。潮水满载巨大的冲力扑向沙洲，而这个物件自身却不自主地运动，尽管它身上散发出阵阵鱼腥味。思康博闻了闻吊在一个钢质大鱼钩上的鲱鱼切片，它刚一靠近，就把之前围在鱼饵旁的好几条牛尾鱼吓跑了。鱼饵块头太大，而牛尾鱼太小，只能小口轻咬。鱼钩上系着一条深色的细线，细线连在一条长线上，长线水平穿过沙洲，长达一英里。思康博和同伴游过岩脊高地后，看到好多挂着鱼饵的鱼钩被

[①] 黑线鳕几乎全都潜藏在海床，在大陆架各层均有分布。

人用短线拴在拖网主线上。不少鱼钩钩住了大型海鱼，如黑线鳕。它们在咽下的鱼钩旁不断翻转并扭动身体，但动作已趋迟缓。还有一条巨大的单鳍鳕也上钩了，它体力旺盛，身材结实，足有三英尺长。这条单鳍鳕之前在沙洲生活，算是同类中较孤僻的一员，它大部分时间都藏匿在沙洲外沿斜礁石一带的海藻丛间。鲱鱼的气味把单鳍鳕从藏匿地诱了出来，随后便上钩了。在挣扎的过程中，单鳍鳕有力的身体绕着鱼线扭转了好几圈。

单鳍鳕被慢慢往水面上拽，它的身影越发朦胧，等靠近水面时，远看好似水怪。

见到这一场景，小鲭鱼慌忙逃离。渔夫划过一条条拖网线，开始收网了。如果鱼钩上有鱼，他们就用短棒一敲，迅速将鱼卸下，把能卖的甩进平底小渔船，不能卖的则抛回大海。此时离涨潮开始已过了一小时，虽然鱼线是渔夫两小时前才放下去的，但现在就得收上来。因为马蹄沙洲的潮水非常强劲，而只有在潮水水势较弱时才适合布网捕鱼。

现在，鲭鱼游到了沙洲边缘，那里的礁石壁呈悬崖状，一直下探至五百多英尺深的海床。沙洲外沿的礁石都十分坚固，因而能承受海水的重压。思康博游过外沿，在深蓝色的水域间穿梭，在距崖壁顶端二十来英尺的地方发现了一块狭窄的暗礁。暗礁上方的岩石层和裂缝间生长着棕褐色皮质强韧的海带，其叶状体伸出岩缝达二十多英尺。潮水自礁石壁急流而下，将海带裹入强劲的水流之中。大片大片的海带叶状体随波摇曳。思康博在其间穿行，无意间惊动了一只在暗礁休憩的雌龙虾，龙虾原本躲在海藻丛间，游鱼都看不见。它腹部怀着几千枚卵，卵黏附在泳足的细毛上，一直到明年春天才会孵化。在那之前，它会一直身处险境，随时要提防饿狼般四处窥探的鳗鱼或垂涎卵囊的青鲈发起的突袭。

思康博继续沿着暗礁前行,突然遇到一条岩鳕。它生活在暗礁的海藻丛间,身长六英尺,体重约两百磅,这体型在同类中称得上是巨怪了。这条岩鳕能活这么久,长这么大,全凭机敏。几年前它就发现了这座海底深坑上的暗礁,它本能地感觉到这是一处好猎场,便恶狠狠地赶走了其他鳕鱼,将其据为己有。大部分时间里,它都躺在暗礁上。正午一过,暗礁便被深紫色的阴影笼罩。藏匿于此地的岩鳕会趁游鱼在暗礁壁游荡时,发起突袭,将它们抓个正着。许多鱼都死在它的颌下,有青鲈、背鳍参差不齐的绒杜父鱼、比目鱼、猪叫鱼、鲷鱼,还有鳐鱼。

幼鲭鱼思康博一进入视线,岩鳕便从半慵懒状态中醒来。自上次猎食归来到现在,它一直躺着。思康博的出现勾起了它的食欲。它晃了晃健硕的身体,起身离开暗礁,往沙洲斜坡上游去。思康博殊死奔逃,好容易才赶上此前一直待在崖壁上升水流之中的同伴。思康博一来,整个鲭鱼群瞬时机警起来。没等岩鳕的黑影逼近岩壁边缘,鱼群早已从沙洲逃往四面八方。

岩鳕在马掌沙洲四处游荡。所有在海底及其附近栖居或活动的小型生物,不管有壳没壳,都在它的食谱上。岩鳕的首个目标是栖居在细沙上的比目鱼,不一会儿工夫它们就全被吓跑了。岩鳕迅速扭动身体追去,期间抓住了一条小黑线鳕。它还捕食幼年期的鳕鱼同类,这些小鳕鱼刚刚结束水面生活期,正要潜入水底成长。岩鳕还吃了几十粒大型海蛤,全都连壳吞下,等蛤肉消化后,再吐出蛤壳。不过有时它胃里会有多达几十片蛤壳,整齐地堆叠在一起,一连待好几天。等找不到更多海蛤时,它便去暗礁壁上长着的浓密如海绵垫般的爱尔兰藓丛间碰运气,看能不能找到躲在苔藓叶间的海蟹。

鲭鱼群游离马掌沙洲已有一英里远,它们突然觉察到海水里涌现一阵异动。这阵骚动是它们前所未见的,不论是海湾生活,还是早前和其他浮游生物一起在海面漂游的生活（如今只剩残存的记忆），都未曾有过这种经历。低沉而沉闷的震动震颤着鲭鱼侧线附近的食管，进而传递至敏感的胁腹神经。这不是海水击打礁石的声音，也不是潮尖的浪花声，不过这也许已是幼鲭鱼所经历的感官刺激之中最接近实情的了。

异动愈演愈烈。此时一群小鳕鱼迅速游过，它们正步调稳健地往沙洲边缘游去。

先是一条接着一条，再是一群又一群的其他海鱼游过：有巨大形似蝙蝠的刺鳐、黑线鳕、大西洋鳕、比目鱼及小型圣日比目鱼。它们全都匆忙赶往远离异动的崖壁边缘，直至震颤蔓延到附近的整片水域。

水面里浮现出一个无比巨大、黑乎乎的、张着血盆大口，形如水怪的东西。之前鲭鱼群对异动和迅速撤离的鱼群还颇感困惑、踟蹰，现在看到这个圆锥形的渔网后，它们便突然合为一体漩涡式地游向浅水区。它们逃离了幽暗而异样的沙洲，回到了有归属感的表层水域。

然而浅水区的海鱼可没有往阳光灿烂的水域逃生的本能。马掌沙洲布的拖网开始收网了，大而深的渔网兜了几千条食用鱼，此外还有好几筐的海星、海虾、海蟹、海蚌、鸟蛤、海参，还有白色的管状蠕虫。

常居暗礁崖壁的这条老岩鳕恰巧在拖网前面一点的地方。岩鳕早已见识过拖网，这不是第一个，连第一百个也算不上。就在它身后，一条长长的拖索渐渐收紧用铁条绑定的网口，拖索斜在水面上，拽着拖网一尺尺地往船舱慢慢移动。

岩鳕虽然个头略显笨重，但此时的它正轻盈地贴着海床前游，它看到前方水域悄然起了变化。海水的颜色不断暗下去，几乎暗到深海的程度。对此变化，岩鳕早就习以为常，这说明它们快到自己的栖居地——深海鸿沟之上的暗礁了。它突然发觉自己的尾鳍被网板拖网的阀门擦伤了，于是迅速调动起沉睡已久的肌肉，奋力往前急游，箭一般地冲出蓝色混沌，精准地沉入二十英尺以下的暗礁中。

　　岩鳕穿过水底招摇的棕黄海带丛，遁入暗礁，抚过身下光滑的岩石表面。说时迟那时快，岩鳕刚游过，拖网便掠过崖壁边缘，消失在深渊之中。

第十一章　海上"小阳春"

到了十月中旬，三趾鸥（又名霜鸥）分批迁徙而至，它们此起彼伏的叫声赋予了秋日大海的神与形。成百上千的三趾鸥在水面盘旋，它们扑腾着拱形的翅膀，猛地扑向碧绿的海面，捕捉跃起的小鱼。三趾鸥从哺育地一路南下，它们中有的把巢搭在南极洲沿岸的崖壁上，有的建在格陵兰岛的浮冰上。

此时已值深秋，海上早已涌现不少秋日征兆。每天都有成群结队的海鸟从滨海远道而来，在天空中汇成一条条空中长河，有的来自格陵兰岛、拉布拉多、基瓦丁，还有的来自巴芬岛。沿途不断有归心似箭的海鸟加入，迁徙大队一路上不断膨胀。其中有塘鹅[1]、暴风鹱、猎鸥、贼鸥、扁脚海雀，还有瓣蹼鹬。海鸟群占满了大陆架周边的全部浅滩，那里的表层水域有不少游鱼和溯游的浮游生物。

塘鹅以鱼类为食，常在空中巡逻狩猎，它们的标志性特征是白色的腹羽。一看到猎物，它们便从几百英尺高的空中猛扎下来，皮肤下的气囊能有效缓冲触水瞬间产生的巨大冲力。暴风鹱的食谱较广：小鱼、鱿鱼、甲壳类、渔船抛出的内脏都吃。因为它们不像塘鹅那样善于潜水，所以任何能在水面捕到的东西都吃。小扁脚海雀和瓣蹼鹬则多以浮游生物为食。至于猎鸥和贼鸥则很少自己捕食，它们多从其他海鸟那里偷食。

---

[1] 塘鹅体型庞大、身披白羽，常在开放海域活动。它们靠潜泳捕食，有时会从几百英尺的高空猛冲入水，力量巨大。在塘鹅群规模大到几百只时，它们也会集体攻击鲱鱼群或鲭鱼群。

第十一章 海上"小阳春"

这些海鸟之中，极少数能在春天到来前见到陆地。它们又一次重归冬季的海洋世界，与海洋共度日夜，一同经历风暴与平静，分享那里的冻雨、白雪、艳阳与浓雾。

去年九月末离开海湾的鲭鱼如今正处在生命的第一年。它们离开熟悉的海湾环境，刚刚进入浩瀚无边的外海时，感到局促不安。在海湾的庇护下生活三个月之后，它们的起居觅食与生活节奏都渐渐与潮水涨落步调一致：涨潮捕食，退潮休憩。外海表层水的涨落也受日月引力的调控，起伏力度丝毫不弱于滨海浅滩，但幼鲭鱼对此全然不觉。对它们而言，在浩瀚的汪洋之中，潮汐早已消失于无形。它们在海里巡游，对洋流的方向和咸度还很不适应。它们想寻求海湾的庇护，重新寻找渔人码头的剪影和海岸礁石上的水藻丛，但这些努力都只是徒劳。它们必须迎接碧海的挑战。

离开海湾后，得益于外海丰富的食物，思康博和其他同龄鲭鱼发育飞快。它们目前已有六个月大，体长八到十英寸——这个头的鲭鱼被渔民称为"大头钉"。进入外海最初几周，它们目标明确，一路往东北方向游去。在进入较寒冷的水域后，出现了一连好几海里的红色桡足类，这些小生物是鲭鱼的最爱。一岁不到的鲭鱼游离海湾越来越远，十月也一天天过去，此时鲭鱼发现自己周围的大鲭鱼越来越多。这些成年鲭鱼产卵已达十余次。秋季是鲭鱼大洄游的时节。

夏季大洄游将许多海鱼带至北方的圣劳伦斯湾和新斯科舍海滨。如今，洄游鼎盛期已过。涨潮过后，退潮开始，海鱼又开始南下了。

夏日海水的温暖正一点点消失。活跃在表层水域的幼年海蟹、海蛑、藤壶、蠕虫、海星和其他几十类甲壳类动物也都消失了。因为对海洋而言，只有春夏是孵化哺育的时节。只有极少数的低级生物会在小阳春迎来短暂的兴盛，成千上万地繁育后代。单细胞原生动物便是其中之一，它们小如针尖，是海水中的主要发光体。长角的叫涡鞭藻，它们由一小团原生质外加三个奇形怪状的尖齿构成。它们发出的银光点亮了十月夜晚的汪洋，它们层层叠叠遍布海面，数量多得连海风都不怎么吹得动。球状的是夜光虫，它们极小，肉眼勉强可以分辨，身体发出的闪光微弱得连普通显微镜都看不出。秋季是这些单细胞生物数量最为繁盛的时期，游经原生动物最密集的水域的游鱼好似游走于荧光之中。浪花拍打在礁石和浅滩上，溅起的液滴犹如流金。渔夫的每支船桨都像暗夜中的火炬。

有一晚，鲭鱼群游到一张废弃的刺网旁，刺网正随波摇曳。刺网上端由一排浮标锚定在水面上，下端则悬空，好似一面巨大的网球拦网。刺网的网眼足够大，一岁不到的鲭鱼可以毫发无损地穿过，但个头更大的鱼会被网绳卡住。这晚，没有鱼会试图穿过该刺网，因为网眼上挂满了一盏盏小小的"警示灯"。海水黑洞洞的，只见亮闪闪的原生动物、水蚤和片脚类动物黏附在潮湿的网绳上，在潮汐的裹挟下，它们的身体划出无数道光丝。瞬时间，无数小鱼群仿佛全都在浩瀚无边、律动不止的海洋里经历了一场生死轮回。这当中有微尘一般大的浮游植物，也有比沙砾还细微的浮游动物，它们用鞭毛、纤毛、触须或螯钳牢牢地裹住刺网网眼，好似把它们当成了变幻莫测的现实中唯一的牢靠之物。亮闪闪的刺网点亮了周遭，也照亮了海底，投射出源源不断的生命力。在渊暗广袤的海洋中，这光芒也引得许多小生物从深水域浮上来聚集在刺网网眼周围，并在那里休憩了整整一夜。

鲭鱼群好奇地嗅了嗅刺网便扬长而去，它们的身体擦过网绳时，其上的所有浮游"悬灯"都随之一震，越发闪亮。刺网彼此拼接，鲭鱼群沿着刺网游了一英里多。有的海鱼无意间碰到刺网，有的则专门游过去捕食黏附其上的小生物，不过被网眼卡住的一条也没有。

第十一章 海上"小阳春"

月盈之夜,月光会盖过浮游生物的光芒,导致许多海鱼看不清刺网,因而被刺网勾住。使用刺网的渔民对此一清二楚,所以他们只在月盈时才撒网捕鱼。这个刺网是两周前布下的,当时正值月圆之后的第二夜,两位渔夫从大汽艇里撒下了这张网。接下来的那晚海风肆虐,雨飑不息,海水翻腾不止。自那晚后,大汽艇就没再回来,因为它在一英里外的浅滩区沉船了,其中一根断裂的桅杆连同刺网一同被潮水冲走了。

刺网兀自在那儿,夜复一夜地网鱼。每逢月光明亮时,就有许多鱼被卡住。狗鲨发现后,便成群涌上前,把这些落网之鱼捕食一空,捕食过程中还把网绳撕扯出了几个大洞。但每逢月光熹微,浮游悬灯就愈显明亮,也就不会有误入歧途的海鱼了。

有天早上,正当鲭鱼群往东游时,思康博看到它上方出现一道细长的黑影,原来是一段浮在海面上的木头。它瞥见一串闪闪发光的银鳞在黑影边缘徘徊,只见几条小鱼正嗅探着那木头到底是什么。这段木头是从一艘货船上掉下来的。货船从新斯科舍出发,准备驶向南部,可是途经科德角海滨时被强劲的东北风困住了。货船被刮至某片沙洲,随后整船倾覆,船上所载木材大部分都被海浪拍到了岸上。风暴渐渐停息,期间有些木材被卷入近海,加入到围着渔船旋转的规模宏大的顺时针洋流循环之中。这块随波漂流的木头目前似乎是远海唯一的庇护所,于是思康博也加入到这一小群游鱼的行列。恍惚间,思康博对鲭鱼群的游动浑然不觉。它想起了自己的小时候,想起那时海湾里的渔人码头和船锚的倒影,那里便是它儿时的避难所,保护它不受海鸥、鱿鱼还有大型肉食鱼类的突袭。

思康博游近浮木不多久,五六只迁徙的燕鸥便降落其上。它们边快速振翅边平衡身体,细长的脚趾在长满水藻的浮木表面打滑了好几下,闹出了不小的动静。它们昨天刚从遥远的北方海滨出发,这是它们迁徙路上的第一次小憩。虽然燕鸥从海里捕食，但它们仍旧害怕在水面停憩，因为它们并不是真正的水生鸟类。对它们而言，海洋是一片陌生的地域，虽然它们隔三差五亲近海面，但这些担惊受怕的瞬间是为了捕鱼才不得已而为之，实际上它们并不愿意把自己娇嫩的身体交托给大海。

起起伏伏的海浪轻推浮木，浮木的前端有时稍稍翘向天际，有时又自然垂落在波谷之中。浮木有时突然倾斜，顺着水势翻滚，此时有七条小鱼跟在它后面，而踩在它上面的燕鸥则好似水手。它们继续在海中央休憩，有几只用喙精心整理自己的羽毛；有几只微张双翅，翅尖高过头顶，放松疲惫的肌肉；还有几只则打起了盹。它们毫不介意浮木将把它们载去哪里。

一小撮黄蹼洋海燕飞落到浮木上，它们边抖翅膀边扑腾蹼足，勉强让身体不碰到水面。它们的叫声比其他海燕更为细腻尖锐："噗——嗨——哑——噗——嗨——哑——"，好像在叫唤自己的名字。这群海燕是为觅食而来：海面上漂着一具鱿鱼尸体，引得一大团微甲壳类动物前来瓜分蚕食。海燕刚落稳脚跟，一只大剪嘴鸥就从天而降，它从半英里外巡逻而来，高声尖叫着闯入海燕群中。前一刻钟海天之间还几乎看不见任何飞鸟，这只雄剪嘴鸥兴奋的叫声一下子就招揽了十几只同类过来。剪嘴鸥俯冲直下，扎入水面，前胸跟翅膀都一同入水。它们贪婪地掠取食物，把之前闻香而来的小海燕都挤散了。第一只剪嘴鸥抢占先机，叼走了鱿鱼，引得同伴哀号不已。虽然鱿鱼个头太大，没法一口吞下，它还是勉强将其咽了下去，这样它便可以喘口气休息一阵了。

突然，空中传来一阵刺耳的啁啾声。一只深棕色的猎鸥从剪嘴鸥群上方掠翅而过。猎鸥继而盘旋着飞过霸占鱿鱼的那只剪嘴鸥，它飞入云霄，绕了一大圈，然后突然朝那只剪嘴鸥扑去。剪嘴鸥连忙用力振翅向水面俯冲，试图在甩掉猎鸥的同时将鱿鱼完全吞下。可突然间一大块鱿鱼掉了出来，鱿鱼还没落水就被猎鸥衔走了。偷猎者享用完食物，便沿着海面扬长而去，而其他剪嘴鸥只能留在原地，懊丧不已。

到了傍晚，一层厚厚的雾气裹住海面，遮蔽了剪嘴鸥平常巡飞高度以下的全部空间。表层海水的颜色从金绿变为灰白，感受不到半点血气或暖意。阳光被挡住后，小生物纷纷从较深的海域浮上海面。这些小鱼苗一来，鱿鱼和其他以鱼苗为食的海鱼便也一道同来。

浓雾预示了未来一周的坏天气，鲭鱼将潜入海下，远离惊涛翻滚的海面。虽然它们潜得比平日深，但依然在上层水域，因为它们正途经大陆架旁的一个巨大而深邃的中空盆地。这周临近尾声时，它们游到了盆地外沿，那里有一座座海底山丘横贯浅海海滨与深海大西洋。

秋季风暴渐渐平息，艳阳再度高照，鲭鱼群也从昏暗的深海浮到海面觅食。它们越过海底山脉的一道高坎，海水遇到高坎后先是急剧上涨，随后翻滚不止，虽然其间并未迸出水花，但这种大规模的涌动让幼鲭鱼颇感不适。于是它们调头游向更深更静的水域。

几十条幼鲭鱼一路游至一道深色断崖，那里深邃的峡谷在很久很久以前便已成形。深绿色的海水从海底峡谷的崖壁两边穿流而过。阳光透过清澈的海水，在崖壁西面直直地投下深蓝色的影子。阳光所照之处，长出一丛丛亮绿色的海藻。它们从斜斜的壁架上，幽幽的雾霭中，以及尖尖的岩壁上冒出来，为幽暗的海底平添一抹亮色。

断崖的其中一块壁架上住着一条康吉鳗。壁架间的礁石上连着一条深深的裂缝，当遭遇某些劲敌的追击时，康吉鳗便会钻进裂缝避险。有只蓝鲨鱼时不时会在峡谷漫游，它会突然拐到壁架，突袭皮厚肉多的康吉鳗。有时一只鼠海豚也会沿壁架巡游，它觅食时会沿壁架挨个搜罗，任何一个洞穴都不放过。但它们全都捕不到康吉鳗。康吉鳗的小眼睛瞥见了鲭鱼亮闪闪的身体，原来一小鲭鱼群正游向壁架。它一摇肌强力健的尾巴，肥厚的身躯就"嗖"地钻进壁架的裂缝之中。

鲭鱼群沿着洞穴平行往前，思康博转头贴近崖壁，嗅探一小群片脚类动物的去向，它们在一处窄壁架上正围着一小块食物团团转。一刹那间，康吉鳗展开柔韧的身体，"噌"地钻出岩缝。浮影在鲭鱼群前一闪而过，它们慌忙加速前游。而一心想捕杀片脚类动物的思康博却不为所动，直到鳗鱼快逼近自己时才留意到它。

崖壁之下有两支队伍竞游——一支是鲭鱼群，它们身体纤细如纺锤，鱼鳞在阳光下折射出七彩的光芒；而鳗鱼有成人身高那么长，它们身体粗壮，肤色灰褐，形如一条消防水带。凡是康吉鳗游动经过的地方，小型动物都纷纷躲藏起来，或钻入岩壁间生长的浓密海藻丛，或钻入小洞穴，因为康吉鳗是它们的天敌。思康博则引领鲭鱼群在壁架的突触间前行，时而领先，时而落后。最后，它在一片长满水藻的岩壁旁停了下来。思康博到来前，两条青鲈正躺卧在壁架边缘的一处向阳水域，微微抖动着侧鳍。受惊后，它俩慌忙躲入水藻丛藏身。

思康博一动不动，两鳃盖却快速张合着。大鳗鱼康吉鳗正在崖壁周围觅食，每处裂缝它都要瞅一眼，看看里面有没有小鱼。洋流沿着崖壁缓行，不知不觉就沾上了康吉鳗的体味。洋流扑向思康博，它一闻到天敌的体味便恐慌起来，急忙游到开阔水域，往海面游去。康吉鳗瞥到一条闪亮的窜逃行迹，它转头加速追击，可思康博已甩开它二十多英尺。鳗鱼这种生物喜欢在阴暗的壁架或海底大洞穴栖息，所以一般不去开阔水域。它迟疑了会儿，便减速放弃了。这时，它那对深邃的小眼睛看到二十来条灰鱼正向它逼近。它本能地调头准备逃回自己的岩缝，可岩缝离它太远了。狗鲨在它身后穷追猛赶。狗鲨虽小，但食量惊人，嗜血成性。它们追上了康吉鳗，一眨眼的工夫就将它肥厚的身体撕成了碎片。

第十一章 海上"小阳春"

这群狗鲨在这片海域一连活跃了两天，大肆捕食鲭鱼、大西洋鳕鱼、青鳕、油鲱、黑线鳕以及所有其他被它们撞上的海鱼。到了第二天，思康博所在的鲭鱼群不胜其扰，遂出走西南方，它们穿过一座座海底丘壑，将狗鲨出没的海域远远地抛在身后。

当晚，鲭鱼群游过的水域到处都是扑闪的光点。发光体是某种一英寸长的小虾。它们双眼下方长着一对发光器，此外节肢或尾部下方也长着一排发光器。小虾游动时会屈伸尾部，尾部的发光器就能照亮它们身体前方及下方的水域，这也许有助于它们看清小型桡足类、分脚虾、海蜗牛，以及它们爱吃的单细胞浮游动植物。大部分小虾靠前肢或长满硬毛的附肢捕食，它们摇动尾部带动水流通过附肢，附肢上的刚毛拦截过往的浮游动植物。此时它们的附肢上已擒获不少猎物。通过追踪亮光，抓捕小虾简直易如反掌，鲭鱼群因此大快朵颐了一番。

到了黎明时分，第一束阳光稀释了海水的黑暗，一盏盏海上小明灯便纷纷暗去。日出不久，鲭鱼群发现它们游到了一片满是翼足类动物（又名翼蜗牛）的海域。初晨的阳光依然柔和，此时翼足类动物群就像一片朦朦胧胧的蓝色云朵，时不时会遮蔽鲭鱼的视线。而当太阳升空一小时后，阳光斜斜地射入海面，照在透明如精雕玻璃的翼足类动物身上，折射出令人目眩神迷的光彩。

清晨，鲭鱼群游过数英里溢满翼蜗牛的浅滩。它们时常看到鲸张着血盆大口吸拢软体动物群。还好鲭鱼并不是鲸的捕食对象，它们会尽量躲避鲸的大黑影。可翼蜗牛对捕食它们的巨怪却一无所知，几百万条翼蜗牛就这样被鲸咽下了肚。翼蜗牛平静地在海洋中徜徉，几乎永远都在觅食，丝毫意识不到鲸这一可怕的捕食者，直至置身巨颚之中，周遭海水顺鲸骨上颚被一点点抽干才后知后觉意识到大难临头。

思康博穿过翼蜗牛群，看到自己身下发出一道微光，那是一条巨鱼。思康博感到自己身下有一股不明方向的巨大水流喷涌而出。但这条大鱼来无影去无踪，很快就消失不见了。思康博的世界里再度只剩下觅食身体明澈如玻璃的小翼蜗牛。紧接着，突然间它感受到身下几英寻处传来一阵巨大的骚动，原来是一处鲭鱼群正从鱼群底部往上游。十来条大金枪鱼刚刚袭击了觅食中的鲭鱼群，它们先沉到小鱼身下，再迫使它们浮上海面。

　　金枪鱼打散鲭鱼群后多方追捕。惊恐不安的鲭鱼群四下逃窜，但无论前后左右都无路可逃。身下也没有退路，因为金枪鱼就在下面。跟大多数同伴一样，思康博越游越靠上。头顶的水层越来越薄，颜色也越变越浅。思康博能感受到海水被身后追击的大鱼划开后发出砰砰砰的震颤。金枪鱼的游速远超小鲭鱼。思康博感受到这条五百磅重的金枪鱼擦过自己的胁腹，原来金枪鱼咬住了它身旁的一条鲭鱼。然后它游到了海面，而金枪鱼仍在继续追击。思康博一次又一次地跃入空中，再落回水面。跃出水面时，又被海鸟的喙所啄。因为水面激溅水花是金枪鱼捕食的兆头，剪嘴鸥看到后急忙纷纷赶到现场。就这样，它们的鸣叫声，飞溅的水花声，还有鱼体撞击海面的声音全都汇聚一堂。

　　此时思康博跃得没那么高了，动作也越发吃力，落回水面时几乎精疲力竭。它有两次差点就葬身金枪鱼颚下，好多次它都看到自己的同伴落入金枪鱼口中。

　　一片高耸的黑色背鳍正从东边游来，无论鲭鱼还是金枪鱼都没留意到它。这片背鳍东南方向三百英尺处又出现了两道"利刃"，约有一人高，正快速划过海面。三条逆戟鲸（又名虎鲸）被血腥味吸引，正火速赶往捕杀现场。

　　身长二十英尺有余的虎鲸如饿狼般向最大的那条金枪鱼扑杀过去，霎时间，思康博发现周遭水域迎来了更恐怖的敌人，海面上下陷入更深的混乱之中。趁金枪鱼浮沉翻滚垂死挣扎之际，思康博慌忙逃离。突然间，它发现身旁捕杀小鲭鱼的金枪鱼全都不见了，因为一见到虎鲸，除了受袭的那条跑不掉以外，所有金枪鱼都已望风而逃。思康博潜得更深后，海水又重归平静，碧绿如初。它再度回归鲭鱼群，与同伴一同觅食。而它目之所及，尽是透亮的海蜗牛。

第十二章　拉起围网

那一晚，海里的磷光旺如青焰，格外耀眼。许多海鱼都在海面觅食。十一月的寒意驱使鱼群加快了游速，它们游动时搅动了千百万发光的浮游生物，鱼鳞也被镀上了一层银光。没有月光，夜晚一片黑暗，海面上星星点点地闪着光，猛地亮起，又瞬间暗去。

思康博与五十来条幼鲭鱼一同溯游，它看到漆黑的前方闪过一片银光。原来一大群成年鲭鱼正在捕食闪着磷光的小虾米，而小虾米则在捕食桡足类。就这样，几千条鲭鱼顺着潮水缓慢漂游。一眼望去，海面上铺满了微光朦胧的鲭鱼，因为鲭鱼每动一下就会触及水里无数的发光生物。

幼鲭鱼渐渐靠近成年鲭鱼，很快便与它们融为一体。思康博之前从未遇见规模这么大的鲭鱼群。它被无数鱼层环绕，身体的上下、前后、左右都是鲭鱼。

一般而言，这些"大头钉"（即当年出生的体长八到十英寸的鲭鱼）理应单独成群。因为幼鱼游速赶不上成鱼，所以自然会分群。可现在即便是六岁到八岁大、膘肥体壮的大鲭鱼也放慢节奏，全神贯注地捕食身边成片成片的浮游生物，游速跟浮游生物云漂移的速度不相上下。因此，"大头钉"就能轻易赶上成鱼，于是乎大小鲭鱼不分彼此，合为一体。

幼鲭鱼一边感受数量如此之多的海鱼的游动，一边目睹大鲭鱼如何在黑暗中冲撞、翻滚、转向并反射出闪亮的光芒，它们感到紧张不已，兴奋难耐。可是，鲭鱼群觅食得太专心了，以至于没有一条鲭鱼（不论大小）意识到头顶上方有一道亮痕闪过，好似巨鱼游过海面激起的水纹。在海上休憩的海鸟听到一阵低沉的震响，响声划破了宁静的夜晚。有的海鸟睡得比较沉，等它们被吵醒准备起飞时，差一点儿就被驶来的轮船撞上了。但无论是暴风鹱的惊叫还是剪嘴鸥尖锐的振翅声，都没能把警示信号传达给海面下的鲭鱼群。

"有鲭鱼！"倚靠在桅杆顶的瞭望员大喊道。

轮船发动机的声音渐渐弱去，声音小到和心跳声一般，若有若无。十来个渔夫靠在鲭鱼围网边上，凝视着黑洞洞的海面。围网上没有搭载夜光灯，以免惊到海鱼。四周一片黑暗，那种黑暗厚重而柔和，黑得天空与海面都连成一片，难以分辨。

慢着！刚刚是不是有道光闪了一下——是不是有一道灰白如幽灵的焰火在左舷船头附近的水面一闪而过？就算有，光亮也已熄灭，大海则再度陷入无边的黑暗——毫无生气，一片死寂。可光又闪动了一次，好似微风中轻舞的焰苗，又似捧在手心的一枚火柴被点燃后发出的火光，渐渐点亮四周的黑暗。灵动的火光在水面游移，好似一片没成形的云朵。

"听，是鲭鱼！"船长盯着亮光看了好几分钟后重复道。

一开始，并没什么声响，只有海水拍击船身发出的轻柔水声。一只海鸟从黑暗中现身，又飞回黑暗。它撞到桅杆，摔到了甲板上，惊恐地尖叫几声后，振翅飞去了。

一切又重归寂静。

而后，一阵啪嗒声悄然响起。那声音好似雨飑落在海面上，虽然微弱，但毫无疑问预示着鲭鱼，那是一大群鲭鱼浮到海面觅食的声音。

船长发出了围捕号令。他自己爬上桅杆顶亲自指挥行动。船员各就各位：十名水手跳入固定在轮船右舷的围网渔船内，两名跳入拖在围网渔船后方的平底小渔船。发动机启动，发出阵阵隆隆声。渔船开始围着这片闪光的海域绕大圈。这么做是为了安抚鲭鱼，使它们聚得更拢。渔船围着鱼群绕了三圈。第二圈比第一圈小，第三圈又比第二圈小。海面上越来越亮，发亮的水域也越聚越拢。

　　绕完第三圈后，坐在围网渔船船尾的一名渔夫把一张一千二百英尺长的围网一端抛给坐在平底小渔船里的渔夫，另一端则堆在围网渔船的船底。可围网内空空如也，渔民尚未捕捞成功。渔民松开系在平底小渔船上的船缆，开始划倒桨。渔船又启动了，拖着围网渔船前行。此时围网渔船与平底小渔船之间的距离越拉越大，围网缓缓朝围网渔船的方向滑去。它们之间拴着一条鱼线，鱼线上缀满了软木浮子。浮子线下垂直地挂着一帘渔网，有一百英尺深，渔网下端由铅垂固定。浮子线从弧形慢慢变为半圆形，从半圆形又渐渐扩大为一个大圆圈，把方圆四百英尺的鲭鱼都围了进来。

　　鲭鱼群躁动起来。在鱼群外围游动的鲭鱼感受到一阵剧动，好似有大型海洋生物向它们靠近。它们感受到水流正发生剧变——尾流的力度尤其大。一部分鲭鱼看到它们头顶上方有个银器状（冗长、呈椭圆形）物体正在移动。

　　渔网旁还有两个较小的物体在移动，一前一后。远远看去，这场景好似一头雌鲸领着两头幼崽，左右各一。这些怪物令鲭鱼感到害怕，在鱼群外沿觅食的鲭鱼纷纷躲入鱼群中心。于是，在恐惧的驱使下，鲭鱼群绕自身旋转了好几圈，然后躲入鱼群中心，以躲避该巨型发光体。鱼群中心是成千上万条鲭鱼旋转搅动后激起的巨大涡轮，怪物激起的水纹在那里销声匿迹。

第十二章 拉起围网

　　与此同时，更多渔船开始围剿猎物。小型渔船中，只有一艘尾随轮船，其他的都各自散去，只听到船桨在水里反复搅动发出的阵阵哗啦声。轮船在水面留下宽厚的光迹，而尾随其后的围网渔船则渐渐靠向光焰外围，同时沿尾流抛下渔网。渔网滑落水面时溅起闪亮的光点，随后便如一幕薄薄的帘子，边摇荡边发出熹微的白光，看来浮游发光体已开始在渔网周围聚集。

　　海鱼都很害怕这道网墙。围网慢慢收起，最初围成的弧形一点点卷成了一个大圆。为了避开围网，鲭鱼鱼阵见势游得越发紧密。处在鱼群中心的思康博模模糊糊地意识到鱼体越挤越紧，鱼身发射出的光亮也越发刺眼。然而它并未意识到围网的存在，因为它看不到粘满发光浮游生物的网眼，它的吻与侧腹也没擦到围网。焦虑感充斥水体，如电流般在鲭鱼间迅速传播。围网内的鲭鱼开始撞网，有的转向，有的钻回鱼群。恐慌蔓延开来。

　　围网渔船中，有一名渔民出海才两年。这么短的时间还不足以让他忘记渔夫这份职业所激发的惊叹与好奇——海面下，到底蕴藏着什么宝物？他看着鲭鱼被倒在甲板上，继而被冷冻丢入货舱，有时会陷入沉思：在此之前，鲭鱼看到过什么？

　　它们眼见的事物，他从未见过；它们去过的地方，他也从未去过。他很少把这些想法诉之于文字。鲭鱼终生在海里遨游，躲过无数天敌无休止的进攻，可这一生灵如今却死在围网渔船的甲板上，双眼无神地躺在黏糊糊的鱼下水与黏滑的鱼鳞中间。但不管怎样，他终究只是个渔夫，很少有时间去细想这些。

　　今晚，他将围网抛入水中，围网边下沉边闪烁。他凝视着这一切，想起了水面下此时正在围网内转圈的几千条鲭鱼。他看不见它们，即便是那些游在最上层的鲭鱼看上去也不过是黑暗中几条游移的光线——恍如焰火的光芒消逝在黑夜的倒影中，渔夫感到一阵目眩神迷。他的心眼看到鲭鱼被赶进围网，它们的吻撞到网上，又弹回来。看到水下剧烈的扑腾，他心想这些鲭鱼个头应该挺大的。与此同时，熔岩一般的磷光越聚越拢。他知道，此时此刻鱼群中心应该有不少无意间撞网的鲭鱼惊恐地弹开。因为围网渔船赶上了平底小渔船，两端的围网已收起被拽至一处。

他帮忙抬起沉重的底环，把这个三百磅重的底环安装到括纲上，然后放下绳索以绞紧围网底部的开口。渔民开始绞紧长长的括纲。随后这名渔夫又想起了水下的鲭鱼，它们被困网中仅仅是因为看不到网底逃生的缺口。他想起了滑入海下的底环，那个大底环是黄铜做的，他被吊在牵引线上，随着括纲的收紧一点点聚拢。底部的漏洞越缩越小，不过逃生之门还没被完全堵死。

他看得出鲭鱼群很紧张。上层水域的发光带好似几百颗一扫而过的彗星。整团光焰交替着忽闪忽灭。这让他想起了空中冶钢炉发出的光辉。他似乎能看穿水下的场景，随着松弛的括纲被不断绞紧，大底环不断与环纲上下摩擦，鲭鱼则在水中不断兜圈子——此时它们尚有机会脱逃。他可以想象大鲭鱼如何发狂般地想挣脱。鱼太多，恐怕没法一次性捕捞上来。可船长从不乐意分批捕捞，因为那样几乎铁定会把鲭鱼往下赶。毫无疑问，大个头的鲭鱼会潜入深海——它们会穿过逐步收缩的底环口游向海底，同时拐跑整个鲭鱼群。

渔夫将视线移开水面，他的手四处摸索围网渔船船底的湿绳索堆，想掂量掂量（因为他看不到）剩下的绳索还有多少，以便估算还要放下多少绳索才能把围网收拢。

背后传来一声高喊。他转身往水面看去。渔网包围圈里的光亮闪着闪着就渐渐熄灭了，好似夕阳的最后一抹余晖消失在黑暗中。鲭鱼群潜回深海了。

　　他倚靠舷缘，凝望着暗无边际的海水。磷光渐渐退去，他开始想象那番眼不能见的场景——几千条鲭鱼如旋涡般直奔海底，仓皇出逃。突然间，他好希望自己能潜入水下一百英尺，伏在围网的牵引线旁。他想在那儿亲眼目睹这些闪着光焰的鲭鱼极尽游速，如流星般转瞬即逝。那将是一番多么壮观的场景啊！直到渔民花了好几个小时，费力将那张一千二百英尺长的围网重新堆叠好，他才意识到，鲭鱼潜逃到底意味着什么。

　　在围网底经历殊死脱逃后，鲭鱼群四散而去。直到夜晚将尽，适才那些领教过围网有多可怕的鲭鱼才又慢慢聚拢成群。

　　日出之前，大部分用围网从事夜间捕鱼的渔民都遁入西边的黑暗中，消失了。只有一名渔民留了下来。他昨晚极不走运，和其他渔夫一起用围网捕了六次，其中有五次鱼都潜逃了。清晨，当东方升起鱼肚白，黑暗的海面闪起银光时，他的渔船是茫茫海面上唯一一艘还在运作的渔船。他和船员都希望再试一次——他们默默守候，期望昨晚被渔民赶回深海的鲭鱼会在破晓时分浮上海面。

　　东方的曙光一点点亮起。阳光先是照到高高的桅杆上，然后照到渔船的甲板室，接着又洒在其后跟着的围网渔船的舷缘，最后消失在渔网之中，渔网下是黑不见底的海水。阳光点亮海浪波峰，而留给波谷的则依然是一片黑暗。

　　两只三趾鸥飞出暗影，落在桅杆歇息，等待海鱼被捞起、拣选。

　　西南方四分之一英里处，一片不规则的暗影投在巡游的鲭鱼群上，并渐渐东移。

　　很快，轮船调转方向，朝巡游鱼群方向开去。在船长娴熟的操纵下，轮船迅速布下围网圈住鲭鱼群。全体船员绷紧神经，快速把底环置入括纲，大力收紧绳索，将网底缺口闭合。渔民一寸一寸地收起围网绳索，把鲭鱼赶到渔网腹或渔网正中，因为那里的网线最密实。此时轮船开近围网渔船，它接住围网，并牢牢固定好围网绳索。

围网渔船旁边的水面上浮着围网袋，网袋与浮子网相连，每个联结点拴着三四个浮子。网袋里有好几千磅重的鲭鱼。大部分鲭鱼的个头都很大，但其中也有百来条大头钉或不足一岁的幼鲭鱼。这些幼鲭鱼刚在新英格兰过完夏天，才来远海不久。其中一条便是思康博。

排水网形如绕在长木柄上的铸勺。渔民拿起排水网，然后把它安在围网上，一点点放入翻腾不止的鱼群中，再用滑轮把鱼拉上来，扔到甲板上。一时间，甲板上出现了几十条柔韧而强健的鲭鱼，它们边扑腾边甩出好多鱼鳞，这些细小的鱼鳞悬浮在空中，好似彩虹迷雾。

围网里的鲭鱼有些不对劲。它们从底部翻滚而上，几乎跃出水面直抵排水网，这不太合常理。通常鱼被围网围住后会用力往底部钻，好冲破围网潜回大海。但这些鱼似乎被水里的某种东西吓到了——渔船周边一定潜伏着某些比大船怪还可怕的东西。

围网外的水面上掀起一阵剧动，出现了一小块三角形背鳍，它连同长长的尾鳍一齐划过水面。突然间，围网内钻出十几块顶着背鳍的大鱼。其中一条有四英尺长，它周身灰白，线条纤长，鱼嘴远在鼻尖之后。它猛地闯进浮子网，用躯体顶入鲭鱼群，开始撕咬搏杀。

此时，这群穷凶极"饿"的狗鲨全都开始疯狂地撕咬围网，迫切渴望捕食网里的鲭鱼。它们用利齿咬破渔网，强韧的网线对它们而言好似薄纱。浮子网被捅出一个个破口，刹那间，渔网陷入不可名状的混乱之中。原先被浮子网包围的空间突然变成了翻滚不息的生命旋涡，海鱼跳跃着，利齿追击着，一时间银绿掺杂，鲭鱼和狗鲨旋风般一涌而出。

然后旋涡突然就消失了，它的消失和它的出现一样令人始料未及。

鲭鱼群涌向围网缺口，一阵混乱犹疑之后，便鱼贯而出，飞影一般地消失在茫茫大海。

思康博是逃过围网与狗鲨突袭双重劫难的幸存者之一。到了当天傍晚，它顺应不可抗拒的本能，追随成年鲭鱼巡游至好多英里之外的水域，那一带也常有刺网和围网出没。巡游时，它深潜海下。夏日灰白的海水早已被它忘得一干二净，现在它正游入越来越绿的深海。巡游航道上的种种都崭新而陌生。它一直往西南方游，游到了一个它从未去过的地方——弗吉尼亚海角旁靠近大陆架的深而静的水域。

那儿的冬海将思康博拥入怀中——它来得正是时候。

第三部
河流与海洋

Under the Sea-Wind

第十三章　向大海进发

　　山下有一个池塘，池塘旁边有许多树，有欧洲花楸树、山核桃木、栗栎，还有铁杉。树根间是深深的腐殖质洼地，里面盈满了雨水。为池塘源源不断地补给的有两条溪流，它们流过山上乱石嶙峋的沟槽，从高地往西流。香蒲、黑三棱、龙须草、梭鱼草沿着岸深深扎根在池塘旁边松软的土地上，而在山的那一侧，则半浸在水中。柳树在池塘东岸的湿地生长，那里有溢出的水沿着青草铺就的流道，寻找去大海的路。

　　每当小银鱼、鲦鱼，或其他小淡水鱼顶撞空气与水之间坚实的界面，池塘平滑的表面就会激起一圈圈涟漪。当栖息在芦苇丛和灯心草丛中的水生昆虫的步履匆匆而过时，水膜也会凹陷。这个池塘的名字叫鸬鹚塘（Bittern Pond），因为每逢春天到来，总会有几只羞怯的苍鹭在岸边芦苇里筑巢。这些苍鹭在香蒲中站立晃悠，藏身于光影斑斓之中，不间断地发出异域之鸣。有人说，那是湖之精灵的声音，虽然它从不现身。

　　从鸬鹚塘到大海有两百英里的路程。其中有三十英里是狭窄的山溪急流，七十英里是滨海平原上平缓流动的河，一百英里是略带咸味的浅浅的海湾，也就是千万年前大海吞没河口之处。

　　每年春天，不计其数的生物赶二百来英里的海路来到草叶繁密的溢流道，进入鸬鹚塘。它们的模样令人惊异，好似比手指头还要短的细玻璃条。它们是少年鳗鱼，或称幼鳗，出生于大海深处。有些鳗鱼可以游到高山，但不少则一直留在湖里。它们既吃小龙虾、龙虱，也抓蛙和小鱼，直至成年。

现在是秋天，快到年末了。从初月到上弦，滂沱大雨已过，彼时所有小溪都化作洪流。为池塘供给水源的两条小溪溪水满溢，水流湍急，在奔流到海的途中，对河床的乱石横冲直撞。溪流穿越草丛，绕过小龙虾洞穴，而那直冲而入的急流，把湖水搅乱，波浪爬到岸边柳树树干上，高出树干足足六英寸。

黄昏时分，起风了。一开始只是柔和的微风，轻拂池塘而过，挠了挠温润的水面。到了午夜，柔风几乎演变为狂风，刮得灯心草剧烈摇晃，吹得枯落的草种哗哗作响，还在池塘水面上犁出深深的沟壑。暴风从山上呼啸而下，穿透橡树、山毛榉、山核桃树、松树林立的山林，向东刮去，一直刮到两百英里以外的海上。

池塘水迅速满溢泻出，一条鳗鱼钻入急流，随水流一齐离开了池塘。它叫安圭拉（Anguilla），凭着敏锐的味觉，它立马尝出了水里的奇怪味道。水很苦，散发出经雨水浸泡的枯叶味，还掺杂着森林特有的苔藓、地衣与根周腐殖质味。水流裹挟着安圭拉，匆匆奔向大海。

十年前，安奎拉来到鸬鹚塘，当时它才只有一指长。此后它便一直在池塘生活，经历了一个又一个春夏秋冬，白天藏在海藻河床，晚上则四处潜行。和所有鳗鱼一样，安圭拉酷爱黑暗。它熟悉山下泥滩中如蜂巢般遍布的小龙虾穴，也熟悉该如何在摇曳湿滑的睡莲茎干间穿行，寻觅坐在厚莲叶上的青蛙。它还知道去哪儿找小雨蛙。春季池塘雨水充盈，塘水漫过草叶繁盛的北岸时，小雨蛙最常出没，它们会牢牢咬住草茎，发出刺耳的蛙鸣。安圭拉还可以找到在水岸边嘎吱嘎吱追逐打闹的水鼠，这些水鼠有时闹着闹着就扑通一声掉到水里去了，成了埋伏已久的鳗鱼的腹中餐。它还很了解深处塘底的软泥床，那是冬日栖居的好去处，一点也不冷——跟其他鳗鱼一样，它也喜暖厌寒。

第十三章 向大海进发

现在又到了秋天，冰冷的雨水顺着碎石嶙峋的山脊流入池塘，带来了一丝寒意。鳗鱼安圭拉躁动不安起来。对食物的渴望已被它抛之脑后，这是它成年以来第一次出现这种情况。取而代之的是一种不可言状、陌生的新渴望。隐约间，它想要去一个温暖、漆黑的地方——那里得比鸻鹬塘最深的夜还黑才行。它曾去过那样的地方——在它生命的最初，记忆尚未形成的时候。它并不知道，通往那里的路就在塘口，十年前它就是翻越塘口来到鸻鹬塘的。可那一晚，劲风暴雨持续翻搅池塘水面，安圭拉一次次感到自己受一股不可抗拒力的牵引游向塘口，而那里的塘水正汇入大海。等公鸡报晓声从山那边的农家庭院里传来，招呼新一天的三更时，安圭拉已滑入水道，游入池塘下的小溪，随溪流一同前行。

即便雨水倾泻而下，山涧依然很浅，水流声好似源头活水，有汩汩声、叮咚声、水流拍击鹅卵石声，还有碎石摩擦声。安圭拉随着溪流，通过急流压力的变化辨别方向。它是夜行动物，适应黑暗，所以既没被黑乎乎的水道吓到，也没被它绕晕。

接下来，涧流将拐到一百英尺外的一处巨砾遍布的崎岖河床，在其上穿行五英里。快到五英里末时，它将沿着一处深深的凹槽，滑入两山之间。一条更大的溪流几年前从这里流过，留下了这道凹槽。这两座山都披着层叠的橡树、山毛榉以及山核桃树林，山涧从盘根交错的树枝间穿过。

破晓时，安圭拉抵达一处明亮的浅滩，流水轻抚沙砾，发出清脆的声响。接着，水流突然加速，迅速流向瀑布边缘的一块巨石。巨石面朝水潭，离水面有十英尺高。湍急的水流载着安圭拉直直坠下，化身为轻薄的白色帘布，汇入水潭。潭底很深，潭水平静且冰凉。水潭边沿长着深色水苔藓。瀑布周边的岩石经过几世纪的流水打磨，变得无比光滑。

车轴藻扎根在泥沙之上，它们吸收泥石里的石灰，将其转化合成为自身细弱的圆茎干。此时浅滩的日光照射过强，令安圭拉感到极其不适。它发现潭边的车轴藻后便躲了进去，那是个避光所。

它在水潭待了还没一小时，另一条鳗鱼也翻越瀑布来到潭水深处的车轴藻丛寻找避光所。第二条鳗鱼原先生活在高山溪涧，在顺溪流而下的途中，它的身体多处都被岩石擦伤。新来的鳗鱼个头比安圭拉大，体格也更强健，因为它发育成熟前比安圭拉在淡水中多生活了两年。

近一年多时间，安圭拉都是鸬鹚塘里最大的鳗鱼，可它看到这条陌生的鳗鱼后，便从车轴藻丛间游走了。车轴藻的茎干因富含石灰而格外强韧，但被它蹭到的几株还是晃了几下，惊动了紧贴茎干的三只水虫[①]。它们用一条附肢（附肢上长了好几排刚毛）绕住茎干，好将躯体固定住。车轴藻的茎干上还附着一层带藻和硅藻，恰巧可供这些水虫在其间漫游。水虫体表有一层闪闪发光的气泡毯，这些气泡是它们从水面潜下来时粘上的。鳗鱼经过时，它们被移离原先安静的锚定点，随后便如气泡般浮上水面，因为它们身体的比重比水轻。

塘面上有一只尺蝽，它时而在浮叶间蹦跳，时而在水面滑行，好似在一块强韧的绸缎上云游。它的躯干酷似一条细枝，由六条附肢支撑。它的附肢踩在水面上，压出六个小水窝，但水面没陷下去，因为它的身体实在太轻盈了。尺蝽俗称"沼泽游侠"，因为它们时常混迹于泥塘深处的泥炭藓丛间。这只尺蝽正在觅食，它密切留意着蚊虫幼虫的动向，并伺机等待小型甲壳类动物从塘底浮上水面。等其中一只水虫突然顶破尺蝽脚下的水膜时，它立马伸出锋利如匕首的吻部，将小水虫的体液一饮而尽。

---

① 几乎所有池塘小溪的水面都有蹦蹦跳跳的水虫出没。它们身体呈椭圆形，身长不到1/4英寸，覆满刚毛的后肢扁平如桨，弹跳有力。有些水虫在夜间弹跳如飞，有些则会摩擦前肢发出独具一格的乐音。

当安圭拉发现那条陌生鳗鱼钻入潭底厚厚的枯叶毯时，它又游回隐蔽在瀑布后的黑暗洞穴中。它头顶上方是陡峭的岩壁，岩壁上长着苔藓柔软的叶状体，绿意盎然。苔藓的叶片虽然躲过了瀑布流，但躲不过飞溅的细水珠，因而一直保持潮湿润泽。春天，蠓虫会飞去那里产卵，在潮湿的岩壁上纺出一串串细而白的卵条。过阵子等卵孵化后，羽如薄纱的昆虫便从瀑布后方大批涌现。垂悬在瀑布前方的枝头上停憩着几只眼睛雪亮的小鸟，它们早就盯上了蠓虫。蠓虫一出动，它们就张开大口猛地冲入蠓虫"云"中。如今，蠓虫全飞光了，但其他小动物依然靠翠绿、水润且厚实的苔藓层为生，比如甲壳虫、水蛭和大蚊的幼虫。这些幼虫通体光滑，它们身上缺乏抓钩、吸盘以及为适应溪边生活的扁平躯干。因而无法像它们的近亲一样，在上方湍急的瀑布流旁或在十几英尺外时有流水冲溅的溪床边生活。虽然它们的所在之处离垂直坠入潭水的水帘幕只有几英寸，但它们对急流及其危险一无所知。它们的世界里，水流只会从墨绿的苔藓层缓缓渗出，一派安静祥和。

伴随着过去两周的降雨，秋季大落叶悄然开始。一整天，从森林顶部到底层，落叶如流水般滑落，延绵不绝。落叶无声无息，亲吻大地，发出微弱的沙沙声，还没老鼠或鼹鼠在腐叶土壤穿梭时小细腿挠拨腐叶的声响大。

一整天，一拨又一拨的宽翼老鹰沿山脊飞下，去往南部。它们展开的双翼几乎一动不动，因为它们正乘着上升气流翱翔。上升气流因西风而起，刮向山脉受阻后便转向朝上，继而翻越山岭。这些老鹰是来自加拿大的秋季迁徙者，此前它们一直沿阿巴拉契亚（Appalachians）山脉飞行，得益于那里的上升气流，它们节省了不少体力。

到了黄昏，林间的猫头鹰开始低号。安圭拉离开水潭，独自游往下游。不久，溪流穿越大片农田。那晚，溪流两次路经小水闸，在惨淡的月光下，水闸显得很苍白。在第二处堤坝外沿，安圭拉在一处斜立的堤坡下躺卧了一会儿，湍急的水流不断冲蚀长在坡上的繁盛草皮。水流流经堤坝斜坡发出刺耳的嘶嘶声，这可把安圭拉给吓坏了。它继续躺卧在堤坡下，而那条曾与它一起在水潭瀑布休息的鳗鱼则游过水闸，并继续往下游赶去。安圭拉也跟了过去，水流载着它在浅滩历经几番冲撞后，便迅速滑入更深的水域。安圭拉时不时会感觉到有几团黑影在它身旁游走。那是其他的鳗鱼，它们来自高地干流的诸多支流。跟安圭拉一样，这些身纤体长的鳗鱼也顺应急流，利用流水冲力加速前行。所有迁徙者都是雌鳗鱼，因为只有雌性才会抛开海洋的往昔回忆，逆流而上游至淡水溪流。

那天晚上，鳗鱼几乎是溪流中唯一一种游动的生物。在一株枯朽的山毛榉旁，溪流来了个急转弯，拐弯处的河床被冲刷得格外深。正当安圭拉游入这一浑圆的河床之际，几只青蛙刚好从松软的泥滩潜入水中。此前，它们躲在一株倒木旁，靠近主干正下方，半截身子露出水面。鳗鱼在软泥上的行迹酷似人类足迹，而在惨淡的月光下，它们的脑袋和环纹尾巴看上去全是乌黑一片。青蛙被这些光皮动物的到来吓了一跳。附近的山林里有一只浣熊，它的窝安在一株山毛榉高高的树干上，它时常在溪边捕捉青蛙和小龙虾。浣熊慢慢往溪边靠近，迎接它的是一串串水花飞溅的哗啦声，不过它不为所动，因为它知道愚笨的青蛙会躲在哪儿。它踱步到倒木旁，平躺在树干上，后腿和左前爪牢牢抓住树皮。右前爪则探入水中，尽力往下够，然后用敏感的指头在树干下的枯叶淤泥里忙不迭地四处打探。青蛙试着钻入枯叶、腐木及岩屑堆的更深处，可那几根手指耐心得很，非拨开枯叶，深入泥滩，摸遍每个洞穴缝隙不可。不一会儿，浣熊的手指头便摸到了一个小而硬的身体——青蛙猛地挣扎起来，企图逃脱。浣熊把它捏得更紧了，随后立即把青蛙放到树干

第十三章 向大海进发

上,就地宰杀,还细心地用溪水洗净蛙身后才将其吞下。享用完大餐之后,溪流边斑驳的月光下冒出三个小黑脑袋。那是浣熊的配偶及两只幼崽,它们正要潜入树林中物色夜宵。

因着惯性,安圭拉忍不住伸出长吻在倒木下的枯叶堆里四处打探。青蛙被吓得更厉害了,好在安圭拉并没有骚扰它们,往常在鸬鹚塘时它一定会,只是现在受更强的本能驱使,它忘掉了饥饿,与流水融为一体,不断前行。安圭拉溜入溪流正中心,游过倒木,而此时两只幼年浣熊跟母亲则刚好走到倒木加入浣熊父亲的行列。于是,四张黑乎乎的脸扑入水面,准备大肆捕蛙。

到了早上,溪流变宽,也变深了。流水声静默下来,水面上倒映着一片开阔林,有尤加利、橡树,还有山茱萸。溪流淌入林子,满载大片明艳的叶片——有生机勃勃的、艳红色的橡树叶,有绿黄相间的尤加利叶,还有暗红色、皮革般粗糙的山茱萸叶。狂风过后,山茱萸的叶片全掉了,但猩红色的浆果还在。昨天,知更鸟在山茱萸林群聚一堂,大吃浆果。如今这群知更鸟已飞往南方,取而代之的是一群又一群的椋鸟。它们在树丛间飞来飞去,一边啄食枝头的浆果,一边彼此嬉戏打闹,高声嘶鸣。椋鸟刚刚换上明亮的新秋羽,每只椋鸟的胸前都有一撮白羽。

安圭拉来到一处浅水洼,十年前一场猛烈的秋日风暴过后,一株橡树被连根拔起,自此便横卧在溪水旁。当时安圭拉还只是一条幼鳗,那年春天它逆流向上游时,橡树坝和小水洼才刚成形不久。如今,大树干旁边淤积了一大片水草、泥沙、木棍、枯枝以及其他岩屑残骸,将水洼外沿的缝隙都一一填堵,小水洼因此积了两英尺深的水。满月期间,鳗鱼躺卧在橡树水洼里,它们害怕在皎洁的月色下前行,对明月的恐惧不亚于白日。

池塘的淤泥里有许多形如小虫的幼体正在挖洞——它们是七鳃鳗幼

鳗。实际上它们并不是真正的鳗鱼，尽管外形的确酷似鱼类。它们只有软骨，没有脊椎骨，吻部浑圆，因为没有颌，所以满口肉刺般的小牙总是露在外面。有些七鳃鳗四年前就在池塘孵化了，此后绝大部分的时间里它们都把自己埋在浅水溪的泥潭里，眼睛看不见，牙齿也没长。这些较成熟的幼鳗身长差不多是人手指的两倍，今年秋季刚刚蜕变为成年鳗的模样，那时它们才第一次睁开眼，看清自己所生活的水底世界到底长什么样。如今，同其他真正的鳗鱼一样，它们在轻柔的溪水中感受到了大海的召唤，要游入咸海水中，完成生命周期中属于海洋的篇章。到达海洋后，它们会过半寄生的生活，以大西洋鳕、黑线鳕、鲭鱼、鲑鱼及其他鱼类为寄主。适时，它们和自己的父母一样，会回到淡水河产卵，然后死去。每天都会有几条幼年七鳃鳗躲进倒木坝，等到多云降雨之夜，白雾缭绕溪谷之时，它们才会重新上路。

　　第二晚，鳗鱼游到了一个岔路口，溪水在一个长满柳树的小岛前分流了。鳗鱼选择往小岛南边的通道游，因为那里有广阔的泥滩。溪流汇入干流之前，它所携带的部分泥沙在这里渐渐沉积。草种先落地生根，随后溪流和飞鸟又带来了不少树种，于是柳树芽便从中破土而出。假以时日，这座岛便诞生了，小岛形成至今已有几个世纪的历史。

　　鳗鱼游入干流时，河水呈灰色。河道有十二英尺深，水质浑浊不堪，因为有许多满载着秋雨的支流汇入其中。昏暗的河水对鳗鱼而言并不可怕，它们怕的是山泉里明亮刺眼的日光。河里还有许多鳗鱼——它们是从其他支流来的。鳗鱼数量增多后，它们变得越发兴奋，休息频次日渐减少，狂热地奔赴下游。

　　随着干流河道不断加宽加深，水中多了股怪味。味道有几分苦涩，这苦味昼夜各有几小时格外浓，这味道是鳗鱼吞咽河水再经鳗鳃滤出感受到的。伴随苦涩的，还有陌生的水流交替——每隔一会儿，水流像是被某种压力抵住似的，过了一会儿，又缓缓下流，继而一泻如注。

此时，每隔一段距离，河里就立着几组细标杆。标杆连成一排，与河岸斜交，两排标杆夹成漏斗状。标杆间拉着黑漆漆的渔网，露出水面几英尺，上面覆满了黏滑的水藻。海鸥经常在建网间落足，等待渔夫来收网，这样它们就可以趁机叼走被扔掉或落网的鱼。标杆上爬满了藤壶和小牡蛎，因为此时河水盐度足够高，适宜贝类生长。

有时，沙嘴上能看到星星点点的小滨鸟，它们或休憩，或在浪花中啄食蜗牛、小虾、蠕虫或其他食物。滨鸟总在海边活动，每当它们大批出没时，就预示着离海不远了。

水里弥漫的陌生苦味越来越浓，潮汐起落的节奏感也越来越强。在一次退潮时，一群身长不超过两英尺的幼鳗从盐水沼泽地冒出来，加入山涧鳗鱼的迁徙行列。这些新成员是雄鳗，它们从未逆流游至淡水河，而是一直待在盐水潮汐带间。

这些迁徙者的体态全都发生了惊人的变化。它们卸下黄褐色的装束，后背换上黝黑发亮的新装，腹部则裹上银袍。只有即将远航的成年鳗鱼才会有这样的体色。它们身体壮硕，浑圆的身体下是厚厚的脂肪层，这些脂肪将为迁徙之路的最后一程供应能耗。

迁徙的鳗鱼中，不少吻部都已挺得更高，也长得更结实了，这一体征似乎可使嗅觉更灵敏。它们的双眼也增大为原先的两倍，也许是为将来穿越漫长而黑暗的航道做准备。

河道渐宽，入海口渐近，河水自南岸的一块黏土峭壁顺势而下。峭壁下埋着远古前的几千块鲨鱼牙化石、鲸骨化石和软体动物壳体化石。早在第一条鳗鱼从深海巡游至此前，它们就已沉睡千年。这些壳、骨、牙都是史前遗迹，那时温暖的海水漫过整片的滨海平原，海洋生物的尸骨残骸慢慢沉入海底泥浆，在黑暗的海底埋藏了几百万年。每次风暴来袭，埋在黏土里的残骸就被筛出来，沐浴于阳光雨露之中。

鳗鱼游下海湾，在盐度渐高的水域里穿梭了一周。一方面是诸多支流汇入海湾，产生一个个漩涡；另一方面，距泥浆底三四十英尺处有许多洞穴。受此双重影响，水流的节奏既不像河流，也不像海洋。退潮水势比涨潮猛，因为巨量河水冲入海洋，其冲力非涨潮水能及。

安圭拉终于游近湾口。伴它同行的有数千条鳗鱼，它们来自方圆数千英里内千山万岭的各条干流支流，它们随流水一路往下，并最终一道经由海湾进入大海。鳗鱼沿着一条与海湾东岸相连的深水道前行，来到一片巨大的盐沼地。盐沼地之外，海洋之内，有一片广阔的浅水湾，那里镶嵌着一簇簇沼泽草丛。鳗鱼在沼泽地会合，等待着入海的时刻。

第二天晚上，海里刮来一股强劲的东南风，等开始涨潮时，海风也在后面猛推，把海水推入海湾，溢满沼泽地。那晚，海鱼、海鸟、蟹贝及沼泽地周围的其他生物都尝到了海水的苦涩。劲风刮起一面面水墙，扑入海湾，海湾里的水越发咸起来。鳗鱼深潜水下，细细品味着。这咸味是大海的味道。鳗鱼准备好了——去迎接深海，拥抱那里的一切。河流生活，到此为止。

海风的吹力比日月的引力还强，即便潮水在午夜子时后开始变向，海水依然继续涌入沼泽地，表层水逆流而上，而底层水则退潮入海。

潮水变向后不久，鳗鱼便开始分批入海。置身宏大而陌生的潮汐节律之中，乘退潮水入海的鳗鱼刚开始还有几分迟疑，虽然它们在生命初始阶段经历过，但此后已遗忘良久。潮水载着它们穿过两座岛屿之间的水湾，载着它们赶超抛锚停泊、等待天明的捕蚝船队，而天亮时，鳗鱼早已远走他乡。潮水又载着它们经过水湾峡口处斜漂着的圆木浮标，其间还绕过几个锚在沙岩浅滩旁的响铃浮标。潮水把它们带到一座大岛的背风面，岛上有座灯塔。一道长长的光柱自灯塔射出，照向海面。

第十三章 向大海进发

岛的沙嘴处传来一阵滨鸟的嘶叫声，混入暗夜的退潮声中。滨鸟的呼号、浪花撞礁声，这些声音的交汇处是陆地之尽头，也是海之尽头。

黑暗的海面上，巨浪滔天，浪花遇上灯塔发出的光束，泛起白沫。鳗鱼挣扎着，在惊涛骇浪中一路披荆斩棘。一旦离开风劲浪高的海域，大海便温柔了许多。沿着斜向下的沙滩，鳗鱼潜入深海，那里无风，也无浪。

只要退潮不停，鳗鱼便会继续成群离开沼泽地奔流向海。那晚有几千条鳗鱼游过灯塔，即远海之旅的第一道坎。实际上，这批鳗鱼全是深居沼泽地的银色雄鳗。它们乘着浪花，消失在海洋之中，同时也绕过人类的视野，其行踪几乎不为任何人所察觉。

第十四章　冬日庇护所

朔望潮再临的那晚，雪花随北风飘落，落至海湾。从丘陵到河谷再到沼泽平原，河流蜿蜒奔赴向海，所经之处渐次披上漫漫白毯，长达数英里。一朵朵积雪云扫过海湾，呼啸的寒风在水面肆虐了整整一晚，雪片刚触碰水面便迅速遁入海湾的幽暗之中。不到二十四小时，温度就骤降了二十二摄氏度①。当清晨到来，潮水经湾口退去时，被潮水浅漫过的泥滩上留下了许许多多的小水洼，水迅速凝结成冰，以至于最后一波退潮水还没等退回海洋就先冻住了。

滨鸟纷纷寂静下来，滨鹬的啁啾声和鸻鸟银铃般的叫声再也听不到了，只有风声依稀可辨，呼啸着吹过层叠的盐沼地和潮汐滩地。上次退潮时，滨鸟纷纷躲到海湾边翻沙拱土，如今它们已不见踪影。暴风雪就快来了。

到了第二天早晨，雪花继续自空中舞落，西北方出现一群迎风前行的长尾鸭，名叫冰凫（old squaw）。这些长尾鸭常常在冰雪交加的地方出没，暴风雪令它们欢欣鼓舞。

它们叽叽喳喳地叫着，透过雪花，看到一座高耸的白灯塔。那是海湾口的标志性建筑，灯塔外是一片浩瀚的灰床单——海洋。冰凫热爱海洋。一整个冬天它们都将在海边度过，白天在浅滩捕食贝类，晚上则在

---

① 摄氏度与华氏度的转换公式为：摄氏度 =（5/9）（华氏度 - 32）。

第十四章 冬日庇护所

潮间带以外的开阔海域休息。现在，它们正撤离暴风雪区（雪片更深的地区），踱到海湾口大盐沼地外的浅滩区。一整个上午，它们都在海面二十英尺以下的海贝床觅食，急不可耐地捕食小小的黑海蚌。

湾区仍有几只海鱼留在湾口浅滩区较深的洞穴中。它们中有鳟鱼、石首鱼、斑点鳟、黑鲈及比目鱼。有些是夏天在海湾内产卵的海鱼，它们把卵产在河口的泥滩上或深穴中。有些是趁落潮从流网网底脱逃躲过一劫的海鱼，它们有幸破解建网迷宫，成为漏网之鱼。

此时，湾区的海水已被冬日掌控，整片浅水区都快被冰封了，连流向海湾的山涧溪流也渐渐冻住了。鱼儿都重归海洋，它们全身上下都还记得湾口通往大海的平缓斜坡，也记得那片温暖、静谧、蓝色暮光从平地亮起的海域。

在第一晚的暴风雪中，就有一群鳟鱼被严寒困住了，彼时它们身处盐沼地靠海那一头的浅滩区。浅滩区水层稀薄，不一会儿就被冻透了，喜暖的鳟鱼瞬间被刺骨的严寒冻瘫，沉到水底，半死不活。即便退潮开始，它们也只能待在薄水层，动弹不得。第二天早上，浅水湾已被寒冰彻底包裹，几百条鳟鱼就地死去。

另一群待在盐沼地里较深水域的鳟鱼则逃过了死劫。两个朔望潮前，这些鳟鱼从海湾更高处的产卵场来到这里，此后一直栖居在峡道内。猛烈的退潮水流入浅水湾和泥滩，让它们感到了河水刺骨的冰凉。

鳟鱼移至峡道更深处，该峡道是三河谷之一，它们彼此连通，好似怪海鸥的脚爪踩在湾口软沙上留下的深脚印。峡道底一步步地将它们往下引，把它们带进了更静更暖的水域，那里的海床上覆满肥厚的、随波摇曳的海藻丛。最强的涨潮波都集中在上层水域，因而这里的水压比浅滩斜坡小。退潮时，潮水沿着河谷流下来，抚乱细沙，水流载着空鸟蛤壳磕磕碰碰，将它们从缓坡带入深深的河谷。

鳟鱼游入峡道之际，来自海湾上游的青蟹正从它们身下游过。它们沿着缓坡悄悄地往下挪，寻找深水区的暖窝过冬。峡道海床上长着厚厚的海藻丛，青蟹钻入海藻丛，一同在这里过冬的还有其他海蟹、海虾和小鱼。

鳟鱼刚巧赶在夜幕降临前进入海峡，落潮才刚刚开始。前半夜，另一鱼群也乘落潮水从海峡奔赴大海。它们紧贴峡道底部，在肥厚的海藻丛间穿梭不息，藻体随鱼身游动而摇摆不止。这些是石首鱼，它们来自周边浅滩，受寒意驱使而来。鱼群结构错落有致，三四层并排前行，它们在鳟鱼群下方，享受着峡道水体的温暖，这里的水温比浅滩高好几度。

清晨，峡道的阳光好似绿色的浓雾，照亮混沌的泥沙。上方十英寻处，最后一波涨潮水往西涌去，涌到了纺锤形浮标的红槌上。它们是峡道起始的标志，出海而归的渔船驶近这些浮标后，就知道自己进入海湾了。浮标拴在锚链上，随波沉浮。鳟鱼游到了三条峡道的交叉口——那个面朝大海的"海鸥脚爪印"。

等到下次退潮时，石首鱼群将从峡道游入大海，寻找比海湾更温暖的水域。鳟鱼则待在原地。

退潮期快结束时，一群幼河鲱匆忙游过峡道，进入大海。它们的身体只有一指长，鳞片亮如白金，是由当年春天在支流产下的卵所孵化的，也是最后一批离开海湾的河鲱。当年孵化的幼鲱中，已有几千条游过海湾海水淡水交融的浅滩，进入它们前所未知的广袤大海。幼河鲱在湾口的咸海水中快速游转，惊异于陌生的咸味和潮汐的节律感。

雪花止住了，但西北风依旧在吹，有些雪花被海风吹积成堆，而那些尚未融化的表层雪则被卷入空中，化作一股奇风。这天寒地冻的，实在难挨。但凡窄一点儿的溪流全都结了冰，冰层横跨左右河岸，捕蚝船也全被冻在码头。整片海湾都镶满了冰雪。每次退潮都有新鲜溪水流进来。而在那埋藏鳟鱼的峡道里，寒意与日俱增。

暴风雪过后的第四晚，明月映在水面上。海风将水中月抚拨成无数星光，湾区上空的云朵撒下舞动的雪花，而云朵在水面中的倒影则缀上了摇曳的光点。那晚，鳟鱼看到几百条海鱼进入它们上方的深峡道，继而入海，如一阵黑影掠过银幕。这些同是鳟鱼，不过它们栖居在海湾往上十英里处的一个深达九十英尺的洞穴中。洞穴本是远古河流河道的一部分，但河道后半段被海水淹没，形成了如今的海湾。一直待在"海鸥脚爪印"峡道内的鳟鱼如今也加入了迁徙大军，与那些来自深穴的鳟鱼一齐奔赴大海。

离开峡道后，鳟鱼游至一片海底流沙丘。海底流沙丘根基不稳，还没海风四起的滨海沙丘来得稳固。这是因为流沙丘上既没长海燕麦根，也没栽种沙丘草，所以无法抵御大西洋深处涌来的海潮。以潮水推力之大，轻易就能攀过缓坡。有些流沙丘距海面不过几英寻，自然每逢风暴必定转向。只消一次涨潮的工夫，几顿沙石便或耸起或落下。

鳟鱼在海底流沙丘游荡了一天，随后游上潮汐迭起的高原，那里也是海底山丘朝海面的尽头。高原有两英里长，半英里宽，下方有个斜坡，比之前的缓坡陡一些，它平稳向下延伸至绿渊。浅水区只有三十英尺深。有一次，一阵西南风卷起一股大潮，将大量沙土推入浅滩，导致一条即将驳岸的纵帆船搁浅。而当时船舱内载了一吨重的鱼。如今这条名为玛丽·B号（Mary B）的失事船只依然躺卧在流沙丘，船身已深陷沙下。船的翼梁、桅杆上都长了海藻，长长的叶带漂在水中，涨潮时往陆地那边漂，退潮时则往海那边漂。

玛丽·B号半埋沙中，船身朝陆地倾斜四十五度角。右舷的隐蔽处长了厚厚一层海藻。原先盖住船舱的舱口早在船体失事时就漂走了，如今船舱更像是半倾斜的甲板下的一处暗穴，成了喜阴水生生物的岩洞。船舱里堆了半舱鱼骨，沉船时未被冲走的鱼已被海蟹啃食一空。玛丽·B号搁浅前，巨浪已将甲板室内的玻璃窗悉数打碎，如今窗口成了廊道，所有在船体附近栖居的小鱼都经由窗口进出船体。窗栏处覆满壳体，窗两侧，银边月鲹、白鲟和鳞鲀进进出出，络绎不绝。

海底流沙丘绵延数英里，玛丽·B号就像那里的生命绿洲，里面有无数小鱼苗出没。这些身体娇小、脊椎尚未发育全的小生物在这里找到了依靠。而这些小鱼苗的猎食者则在木板和翼梁间觅到了丰厚的食物。体型更大的肉食性鱼类或潜行者则在此找到了庇护所。

最后一抹绿幽光褪成灰色时，鳟鱼正好游近沉船残骸。它们在船体周围捕食了一些小鱼、小蟹，享受到了久违的饱足。从冻海湾匆匆赶到这里的路上，它们早饿坏了。饱食之后，它们便在玛丽·B号覆满海藻的朽木边过夜。

鳟鱼群躺卧在船体上方，耷拉着脑袋，睡着了。海潮攀上缓坡，平缓地涌向浅滩，鳟鱼轻柔地摆动着鱼鳍，好平衡自身与船体及同伴间的距离。

到了黄昏时分，甲板室窗边及腐木穴旁车水马龙的小鱼都四下散去，回到船体旁的安歇处。冬海的暮光来得特别早，而此时栖居在玛丽·B号内的大型肉食鱼类则抖抖身子，活了过来。

一只长长的、弯曲如蛇的触手从鱼舱内的暗穴中伸出，触手上的两排吸盘牢牢吸住甲板。一团黑影爬出船舱，随后其他几只触手依次出现，直至八条触手全都吸住甲板。它是一只住在玛丽·B号船舱内的大章鱼。它横穿过甲板，然后滑入甲板室岩壁下方的隐蔽处，它躲在里面，准备开始夜间巡捕。它趴在长满海藻的老旧木板上，触角片刻也没歇息，不断向四面八方摸索，寻觅走神的猎物，任何一处熟悉的裂口或

第十四章 冬日庇护所

缝隙都不放过。

没过多久，章鱼就等到了一条小青鲈。它贴着甲板室墙壁觅食，正小口小口地专心啃食附着在布满苔藓的船身木板上的水息虫。小青鲈丝毫没有意识到身后潜伏的危机。章鱼盯着青鲈的一举一动，同时停下四处摸索的触手，等待时机成熟。小青鲈游到了甲板室拐角处，头朝海底半倾着身子。这时，一条长长的触须伸向拐角，凭着敏锐的触觉，三两下就缠住了青鲈。触须上的吸盘牢牢吸住了青鲈的鱼鳞、鱼鳍，还有鳃盖。小青鲈拼尽全力想要挣脱触须的魔掌，可却被迅速喂入章鱼口中，全身被章鱼形如鹦鹉喙的吻残忍地撕成了好几片。

那晚，在触手可及的范围内，大章鱼原地守候，捉住了许多大意的鱼和蟹。有时它也会主动出击，冲出船舱抓捕外面的游鱼。它软囊袋般的身体通过虹吸管向后喷射水流，以此前行。它们缠绕的触须和吸盘鲜有失手。等到大章鱼饿意渐消，便慢慢合上了血盆大口。

潮汐变向了，玛丽·B号船头下的海藻摇曳得有些不知所措，这时一只大龙虾爬出藏匿点，钻出海藻丛，往岸边游去。在陆地，龙虾笨重的身体足有三十磅重，可在海底，由于水的浮力，龙虾四对纤细的步行足只要踮起脚尖便可穿梭自如。这只龙虾长着一对大螯爪（又称蟹钳），螯爪比躯体长一大截，随时待命以捕猎或击敌。

龙虾爬上沉船，船尾覆盖着一层白花花的藤壶。一只大海星正要爬过藤壶时，遇到了龙虾，龙虾顿了顿，便一把将其钳住。螯爪下的海星痛苦地扭动着身体，随即被龙虾最前端的那对步行足送入口中，而其他多节附肢有的迈步前行，有的则托住多刺海星的身体，以便于上下颌咀嚼。

大龙虾吃到一半就把海星吐了出来，沿沙地往前爬，吐出的海星残体被食腐蟹捡走吃掉了。大龙虾在半路上停了一阵开始翻沙捣土，想挖蛤蜊吃。与此同时，它敏锐的长触须在水里四处嗅探，试图追踪食物的气味。可它一只蛤蜊也没找到，只好爬入阴影，启动夜间觅食模式。

太阳快落山时，一只幼鳟鱼遇见了沉船内的第三大猎捕者。它就是琵琶鱼罗费斯（Lophius），又名安康鱼①。它体型矮胖，好似一只畸形风箱，嘴巴咧得宽且深，嘴里长着好几排利齿。嘴上方立着一根杖，好似一条柔韧的鱼竿，竿末还晃荡着一颗叶片状肉球。安康鱼的体表大部分都有不规则的皮粒凸起，乍看之下很像一块长满海藻的礁石。它的两片鱼鳍厚且多肉，与其说是鱼鳍，倒不如说是水生哺乳类身体两侧的鳍足。安康鱼贴近海底时，其实是靠两片鳍支撑身体前行的。

那条幼鳟鱼碰见罗费斯时，它正卧躺在玛丽·B号船头的下方。安康鱼一动不动，扁脑袋上两只贼亮的小眼睛往上翻着。费罗斯在海藻丛间若隐若现，体表松弛的皮囊模糊了它的轮廓。除了极少数警觉的个例，几乎所有海鱼都看不见它。灰鳟赛诺赛恩（Cynoscion）也没看见安康鱼，但它看到了一个小小的、明亮而鲜艳的东西在流沙上方一英尺半的地方游荡。那东西动了动，升起又落下。以赛诺赛恩的经验，那里应该有小虾、小虫或其他生物出没，于是便游过去探明情况。当赛诺赛恩距不明物不到两倍体长时，一条来自开阔水域的小白鲟转着圈游了过来，轻轻咬了口诱饵。眼前瞬间闪过两排白色利齿，前一秒海藻还毫无恶意地随潮水摆动，这会儿小白鲟已消失在安康鱼口中。

这突如其来的一幕霎时间令赛诺赛恩陷入恐慌，它急忙逃离现场，躲进一块腐朽的甲板木下。它快速吞吐海水，两鳃盖飞速张合。安康鱼的伪装实在太完美了，灰鳟一点破绽也没看出来。仅有的凶兆便是那排一闪而过的利齿和突然消失的白鲟。类似的场景赛诺赛恩又见识了三

---

① 安康鱼算是臭名昭著的公认最丑、最令人厌恶、食量最惊人的海鱼。安康鱼的头部占据了半个鱼身，而它的吻则占据了半个头。因此，它又被称为"全吻鱼"。安康鱼在大西洋两岸均有分布，身长约4英尺。

次：悬荡的诱饵动了一下，游鱼便上前勘探。其中两条是青鲈，另一条是体态修长肌肉结实的银月鲹。它们仨都碰了碰诱饵，旋即落入安康鱼的血盆大口。

暮色渐暗，赛诺赛恩继续待在腐朽的甲板木下，但此时已什么都看不见了。夜色渐浓，隔三差五它便会感应到身下水域传来某个庞然大物毫无征兆的骚动。午夜过后，玛丽·B号船头下的海藻丛里边静谧下来，因为安康鱼游走了。它不满于捕食寥寥几条受诱饵吸引前来探视的小鱼、小虾，转而追捕更大的猎物去了。

一群绒鸭①游到浅滩边过夜。一开始，它们停靠在离岸两英里处，但雨一阵阵地下，洒在绒鸭身下的崎岖地带，也落在潮水上，在它们身旁昏暗的水面上激起层层泡沫。海风往岸边吹，与潮汐方向正相反。绒鸭被吵醒了，于是便飞到浅滩外围，在远离大浪、更为平静的那片水域安歇下来。绒鸭大半身都浸在水面下，好似载满货物后吃水很深的纵帆船。尽管它们睡着了时会把脑袋埋到肩膀下的羽毛中，但它们仍然得时不时划动蹼足，好在迅猛的潮水中调整位置。

东方亮起了鱼肚白，浅滩边沿的水也从铅黑褪为灰白。从水下往上看，浮在水面上的绒鸭就好似一团椭圆形的暗影，暗影外裹着一层光彩熠熠的银边，那是被锁在鸭羽与水面之间的气泡层。水面下有一双小而毒的眼睛正密切留意着绒鸭，这对眼睛的主人是一种游动缓慢、泳姿笨拙的生物——长得像畸形大风箱的安康鱼。

罗费斯很清楚水鸟就在附近，因为水里有浓浓的鸭骚味，它舌头上的味蕾还有唇内灵敏的表皮都尝到了这股味。早在晨曦渐明、锥状视野内出现那坨暗影之前，它就瞥见了水面上因蹼足搅动而亮起的磷光。大多数情况下，这预示着水面上有水鸟休憩。罗费斯夜间巡捕多时，却仅

---

① 绒鸭是真正的海生鸭，在冬季迁徙至新英格兰或大西洋中部滨海的途中，它们大部分时间都在近海度过。它们主要以海蚌为食，尤爱海蚌丰富的海床。

仅收获了几条中等大小的鱼,远远不够填满它的肚子。它的胃大得足以装下二十多条大个头比目鱼或将近六十条鲱鱼,也足以将一条跟自己差不多大的海鱼吞入腹中。

罗费斯划动鳍肢,游近水面。它游到一只离群稍远的绒鸭下。绒鸭正酣睡,鸭喙掖在羽毛下,一只蹼足在身下悬空着。它还没意识到危险就已被一张长满尖牙、宽近一尺的大嘴咬住了。绒鸭被这突袭吓得魂飞魄散,使劲挥翅击打水面,并奋力划动另一只尚可自如活动的蹼足,试图飞离水面。它竭尽全力终于飞了起来,但安康鱼沉重的鱼身将其拽回了水面。

绒鸭垂死挣扎,振翅声和嘶鸣声惊动了同伴,只见水面剧烈翻滚了一阵,旋即剩下的鸭群便齐刷刷地飞离水面,仓皇逃离,很快就消失在笼罩在海面上的薄雾之中。绒鸭的腿动脉被咬断了,鲜红色血柱喷涌而出。它的生命力随着血流一点一滴地消逝,挣扎也越发微弱。较量中大鱼力量占优,最终得胜。罗费斯将绒鸭拖入水下,趁晨光熹微,闻血而来的鲨鱼还没赶到前沉入被染红的海水中。安康鱼把绒鸭带到浅滩底,一口将其整吞下去,它的胃容量的确惊人。

半小时后,在沉船附近猎捕小鱼的灰鳟赛诺赛恩又看到了安康鱼,它已回到玛丽·B号船头下的洞穴中,正用酷似手掌的胸鳍贴地前行。只见罗费斯缓缓移入船身隐蔽处,船头下的海藻丛漂动了几下,像是在迎接它回来。安康鱼将在那里死气沉沉地连躺好几天,好消化那顿大餐。

白天水温降了些,但几乎察觉不出,而到了下午,海湾内大量冰水随退潮水涌入大海后,水温骤降。受寒意驱使,那晚鳟鱼离开沉船,沿着缓缓下倾的平原逐步下沉,往大海更深处游去,游了一整晚。鳟鱼群游到松软多沙的海底,必要时会往上游以躲避山丘或碎贝堆。严寒无孔不入,它们只得往前急赶,绝少停歇。头顶的水层每时每刻都在加厚。

鳗鱼群应该也是从这里游向深海的。它们穿过海底流沙丘，沿着缓缓下倾的水下大牧场，或大海底大草原前行。

接下来几天，鳟鱼群停下来歇息或觅食时，有时会被别的鳟鱼群赶超，有时则会撞见形形色色的非同类鱼群在觅食。

这些鱼群来自海岸线方圆几英里内的大大小小的海湾、溪流，皆为躲避冬寒而来。有的来自北部的罗得岛州、康涅狄格州和纽约州长岛海滨。它们是尖口鲷，身体扁平，背部拱起，背鳍多刺，鱼鳞分层排布。每年冬季，尖口鲷便从新英格兰洄游至弗吉尼亚海角一带，再于翌年春季回到北部海域产卵，沿途或被困，或被迅速围拢的围网捕捞。鳟鱼群沿大陆架游得越远，就越常见到个头大、周身呈青铜色的尖口鲷。尖口鲷群在鳟鱼群前方，好似一团幽绿的光团，时浮时沉，一会儿沉下去翻掘海底的蠕虫、饼海胆和海蟹，一会儿又往上游一二英寻咀嚼食物。

有时，鳟鱼群也会遇到大西洋鳕鱼群，它们从楠塔基特岛海滨洄游到南部海域，因为这里的冬季相对温暖。部分鳕鱼会在这里产卵，随后任凭海潮将幼鱼卷走，此举与它们的习性迥然相悖。而这些幼鱼，也许永远也回不了鳕鱼的北方之家。

严寒加剧，寒意如一面巨墙向滨海平原推进。它看不见，也摸不着，但由它所砌的壁垒却真实存在，固若金汤，其坚固程度丝毫不亚于石墙，没有一条鱼能穿过它。在不那么冷的冬季，鱼群会均匀散布在整片大陆架——石首鱼待在近海；比目鱼和鲽占满沙地；尖口鲷聚集在河谷缓坡，那里的海底食物尤为丰富；至于黑鲈，它们不放过任何一片礁石地。可今年，它们却被严寒逼到了好几英里外的大陆架尽头——再往前便是深海。那里风平浪静，还有墨西哥湾暖流供暖。在那里，洄游客找到了避冬港湾。

早在鱼儿自海湾溪流入海，沿大陆架洄游之际，渔船便已纷纷出海南下。这些渔船船身浑圆，线条也并不雅致。冬海之上，渔船颠簸前行。这些是专程从北部港口赶来冬捕的拖网渔船。

渔船南下还是近十年的事。此前，鳟鱼、鲽、尖头鲷、石首鱼一经离开海湾海峡，就可免遭渔网追捕。然后有一年，渔船来了。它们拖着形如长袋的渔网，驶离北部滨海，拖着渔网沿海床扫荡。一开始，它们什么也没捕到，但却继续一英里一英里地往南驶进，最终渔网袋里盛满了食用鱼。近海鱼（在海湾河口过夏的海鱼）的冬季港湾，终究被人类发现了。

从那时起，每年一到冬捕季，拖网渔船都会前来捞走几百万磅重的海鱼。现在，它们正从北部捕鱼场赶来。它们中有来自波士顿捕捞黑线鳕的拖网渔船；来自新贝德福德捕捞比目鱼的小型拖网渔船；来自格洛斯特捕捞红大马哈鱼的渔船；还有来自波特兰捕捞大西洋鳕的渔船。在南部海域冬捕比在斯科舍浅滩或大西洋浅滩容易，甚至比在乔治沙洲、布朗沙洲及英吉利海峡还容易。

但今年冬天格外冷，海湾全冻住了，海面上狂风肆虐。海鱼游得远远的，有的游出七十英里，有的游出一百英里。它们沉到一百英尺以下的深海，在那里安享温暖。

人们将拖网从甲板抛下海，甲板边被擦出一阵冰沫，凝固成湿滑的冰晶。拖网网眼全都结了冰，变得硬邦邦的。霜冻下，所有索绳和缆绳都嘎吱作响。拖网从海风肆虐、雪雹交加、波涛汹涌的海面沉入水面下几百英寻之处，那里是深海边缘，海水温暖而平静，鱼群在蓝色暮光中漫游觅食。

第十五章　返航

鳗鱼返回产卵地，行踪隐匿于大海深处。十一月的某个夜晚，海风和潮水让鳗鱼感受到海水的温暖，于是鳗鱼便离开海湾口的盐沼地，去往百慕大群岛以南与佛罗里达州以东五百英里处的大西洋海底盆地。而它们的踪迹，始终无人能觅。那些秋日里从大西洋沿岸（自格陵兰岛到中美洲）大小河流奔向大海的其他鳗鱼群，同样也无人知晓。

没人知道那些鳗鱼是如何抵达它们共同的目的地的。也许它们会避开浅绿色的表层水域。冬日寒风一吹，表层水水温便会骤降，而且日间海面跟白日里的山泉一样光线充足，畏光的鳗鱼既然不敢在白天沿溪下游，自然也不会靠近海面。也许它们在中层水域洄游，或是沿大陆架下倾缓坡的轮廓洄游。也许几百万年前，阳光照耀下的河流在滨海平原上蚀刻出沟谷，沟谷上游便成了鳗鱼的出生地，而下游则被海水淹没。不知情的鳗鱼却继续前行，原本以为自己游到了河流下游，实则游到了大陆尽头，那里淤泥堆积的防波堤直直地往下延伸。于是鳗鱼便向大西洋深渊最深处游去。在那大海深处的黑暗里，幼鳗出生，而老鳗则死去，最终消融入海。

早春二月，不计其数的原生质在远在海平面以下黑洞洞的海域悬浮着。它们是刚刚孵化的幼苗，也是鳗鱼父母在世时留下的唯一证物。小鳗鱼生命的开端始于深渊与海面之间。它们上方有厚达一千英尺的水层，过滤了大部分太阳光线。只有那些波长最长、强度最高的光线才能穿透水体，抵达鳗鱼所在的水层。红、黄、绿这些暖光全被滤尽，剩下的只有一点蓝光和残余的紫外线，微弱而凄冷。一天中有1/20的时间，顶层水面的光会悄然钻入水下，那时，彻底的黑暗将被陌生而鲜活的蓝光取代。然而，只有烈日当头，光线波段长时，才可驱逐黑暗。此后，深海的黄昏便与晨曦连为一体，唯有等到下个正午才能被打破。蓝光很快退去，鳗鱼再次遁入暗夜，周遭的黑暗程度唯有深渊可及，而深渊的黑暗无边无际，遥遥无期。

起初，幼鳗对它们所降生的世界几乎一无所知，只是随波逐流。它们不觅食，单靠胚胎残余组织来维系扁平如叶的身体，因此它们不与任何近邻为敌。借靠它们身体组织与海水的比重平衡，它们的叶状身体悬浮在水中，漂流起来毫不费力。它们小小的身躯透明如水晶。就连从小小心脏泵出，在血管里流淌的血液都是无色的。只有它们小如黑点的眼睛尚有一抹颜色。因着透明的躯体，幼鳗更适应在大海暮光水域生活，因为只有体色与环境类似才可在深海免遭饥饿猎食者的攻击。

亿万幼鳗鱼苗——或者说亿万双针孔般的黑眼睛，窥视着这深渊之上的陌生水世界。在鳗鱼的眼睛前方是桡脚类动物，它们如云似雾，一刻不停地跳着生命之舞。当蓝光自上而下照亮这片水域时，它们通透的身躯好似点点光尘。在水中推进前行的透明钟罩是水母。这里的水压每平方英寸达五百磅，对此，水母脆弱的躯体早已适应。光线刺穿水体，成群结队的翼足类（或翼蜗牛）纷纷逃离，从鳗鱼眼前掠过，往深海更深处游去。它们周身反射着亮光，移动时好似下起了冰雹雨，雹块有匕首状、螺旋状，还有锥形体，形态各异，纯净通透如玻璃。虾群隐隐逼近——幽光中仿若苍白的魂灵。有时，虾群会被某种体色苍白的鱼群盯上，它们嘴圆肉松，灰白的胁腹两侧嵌着好几排发光体，闪亮如珠宝。受追捕时，虾群就会喷射出发光流体，明亮如火云，使追逐者头昏眼花，失去判断力。鳗鱼所见的大部分海鱼都身披银盔，因为在阳光将尽的水层，银色是最常见的颜色，或者说是标志色。这种体色苍白的鱼是小海蛾鱼，它们身体纤长，长着一口闪闪发光的毒牙，张着嘴在海里漫游，永不停歇地寻找猎物。最奇异的是星光鱼，它们身长只有人手指的一半，外皮糙如皮革，闪着青绿色或蓝紫色的光，胁腹闪亮如水银。它们身体扁平，头尾两头则更加细削。它们的天敌从上往下看时，什么也看不到，因为星光鱼的背部呈蓝黑色，与黑暗的海水融为一体。海底猎食者从下往上看时，也分辨不清星光鱼，因为它们的胁腹亮如镜面，反射着海中蓝光，轮廓也随之消失于无形。

幼鳗群生活在一个大生态群落中，群落呈水平分布，成员间层层叠叠，彼此紧挨着。海面上漂浮着马尾藻，其上栖息着沙蚕，它们在马尾藻的叶状体间绕了好几股蚕丝。海底深渊，海床柔软的泥浆之上有海蜘蛛和海虾出没，它们爬行时警觉而机敏。

幼鳗上方，是一个阳光通明、浮游植物繁盛的世界。阳光下，小鱼反射出蓝绿色的光泽。海面上，水母游动，蓝色的身体晶莹而透亮。

往下是暮光层。这里有乳白色或银色的鱼，也有红虾产下的亮橙子卵，有身白嘴圆的鱼，也有发光体在暗魅中发出的第一束光。

再往下便是黑暗区第一层。这里既无银色光彩，也无乳白色柔光，在这里栖居的所有生物都跟海水一样灰暗无光。它们全是单调的红棕黑色系，只有这样才可以隐匿于周遭的灰暗之中，好在关键时刻躲过猎食者之口。这里，红虾产的卵呈深红色，圆口鱼则全身乌黑。许多生物都身披亮袍以便在黑暗中识别敌友，它们的亮袍便是密布于身体两侧，或呈横纹，或呈其他样式排列的微小发光体。

它们下方便是深渊，那是最原始的海床，潜藏在大西洋最深处。深渊更迭缓慢，也没有季节更替，一年年的时光似乎对它毫无意义。如此深度，连太阳也无能为力，因此笼罩它们的黑暗无始无终，也无程度差别。无论热带阳光如何穿透海面一直照到几英里以下，也不能温暖这些深渊之水一丝一毫。无论经历多少个春夏秋冬，它们的荒寒也没有丝毫的减少。位于海盆之底，所谓水流不过是冷冷的水在缓慢蠕动，如时间流逝般从容不迫，无动于衷。

这还不算真正的海底，往下大约四英里多深处才见底，海底被历经无数纪元沉积而成的软厚淤泥所覆盖。这里是大西洋最深处，由浮石状红土铺就，是海底火山一次次喷发凝结而成。和这些浮石混杂在一起的是一些球状的铁和镍，它们曾在太阳系之外的星际穿行亿万英里，然后消亡在地球大气层中，最终在大海深处找到它们的归宿。远离大西洋盆地边缘的地方，则淤积着厚厚的微小浮游生物的残骸。这些残骸中有闪耀的有孔虫类的外壳、珊瑚和海藻的石灰质残余、放射虫类的坚硬骨骼，以及硅藻的细胞膜。但是它们的组织结构太柔弱，还没沉到最深的渊底便已香消玉殒，与大海融为一体。能够穿越到这又冷又静的深处而不被溶掉的有机物残余，大概只有鲸的耳骨和鲨鱼的牙齿。在红土中，在黑暗与静滞中，静躺着曾经在世的远古鲨鱼的残存物，那时也许海中还没有鲸，也许陆地上还不曾有茂盛的巨蕨，也许煤矿也还没形成。这些鲨鱼的肉体早在亿万年前就回归大海，又被其他生物精加工后循环利用多次，但它们的牙齿依然疏疏落落地躺在深海红土淤泥里，被来自遥远星系的铁沉积层包裹。每逢月亏潮缓，幼鳗便会冲向海湾口。残雪消融，水流归海；月光晦暗，海潮式微；春雨将至，浓雾皑皑。伴随苦甜参半的初绽花蕾芬芳，黑夜降临。那些幼鳗蜂拥向海湾，巡游着寻找属于自己的那条河。

百慕大以南的大海沟内是大西洋东西两岸鳗鱼的聚集地。欧洲与美洲大陆间还有许多横亘于海底山脉之间的海沟。但只有这一处海沟足够深邃和温暖，可为鳗鱼产卵提供充足的条件。因此，每年欧洲的成年海鳗都会踏上跨洋之旅，洄游三四千英里；与此同时，美洲东部的成年海鳗也启程赶往海沟，好似约好了要会见彼此。海沟里马尾藻随波漂动，不少鳗鱼在最西处相遇后交配——这些鳗鱼来自欧洲与美洲的最东部。因此，在辽阔的鳗鱼产卵场的中心地带，并排漂浮着两种鳗鱼的卵和幼苗。它们长得如此相像，只有用心细数脊柱由多少块脊椎骨及肌腱构成，才能将两物种区别开。只是，幼苗发育进入到最后阶段后，一部分将奔赴美洲，而另一部分则游往欧洲海滨，谁都不会搞错方向。

日子一天天过去，幼鳗不断成长。身板长了，体格壮了，体内的组织密度也发生了变化。它们往上游，游至光线更强的水层。从海底往上游的过程好似乘时光机去往北极的春天，日照一天天增加，正午的蓝光长了，而漫漫长夜则缩短了。很快，鳗鱼就见识到了第一抹绿光（经上层水过滤），为蓝光添加了一丝暖意。它们进入浮游植物层，饱食了第一顿大餐。

经海水过滤，阳光只剩一点残余，但其能量仍足以提供浮游植物维系生命所需。

这些浮游生物极其微小，呈球形悬浮在水中。幼鳗身体通透如玻璃，它们孵化初期靠古老的褐藻细胞提供给养。当地球海洋还没出现第一条鳗鱼，甚至连脊椎动物都没出现前，褐藻便已生存了好几百万年。在这极漫长的时间里，一群又一群生物兴起又灭亡，然而这些形如酸橙的褐藻却继续在海里繁衍生息，构建自己小小的球形保护盾，如今它们的外形体态与最早的祖先并无二致。

在褐藻间穿梭的不止有幼鳗。在这蓝绿相间的水层里，充盈着桡足类及其他浮游动物，它们都以捕食浮游褐藻为生。褐藻旁有星星点点的小虾，小虾则以桡足类为食。而闪着银光的小鱼又靠捕食小虾为生，同时它们还点亮了一大片水域。幼鳗自身则被饥饿的甲壳类、枪乌贼、水母、咬虫及不少在水里漫游的鱼追捕,它们张着嘴,海水从鳃耙滤出,而食物则留在口中。

到了仲夏,幼鳗长到了一英寸长。柳叶般的体型令它们能完美适应随洋流漂泊的生活。此时它们游上表层,这里的水域碧绿而透亮,幼鳗那双小黑点眼睛可被天敌窥见。幼鳗感受到海浪的起伏,也领教到在水清波静的远海,正午时分的日头有多刺眼。有时它们会钻进漂浮的马尾藻丛中,躲入飞鱼的巢穴下遮阴,或是游到开阔水面,藏到葡萄牙军舰的蓝帆或浮标的影子里。

表层水域洋流不断,洋流流到哪里,幼鳗就被带到哪里。不论是来自欧洲的还是美洲的幼鳗,它们全都被卷入北大西洋洋流的漩涡中。幼鳗多到天文数量级,洄游旅队犹如一条巨河横贯海面,沿百慕大南部水域一路捕食。这条生命河中,至少有一段时期两类鳗鱼是分不清的,但如今已可以轻易辨别,因为美洲鳗的个头几乎已长到欧洲鳗的两倍大。

洋流从南部一路转移到西北,掀起巨大漩涡。夏天到了尽头。所有种子都已结出硕果,被一一收割——春季的硅藻,在浮游植物旁大量滋长繁衍的浮游动物,还有以浮游生物为食的无数幼鱼。如今,静谧的秋季掠过大海。

幼鳗游到离第一家园很远的地方。洄游大队渐渐开始兵分两路,一路拐向西方,另一路则转向东方。分别的时刻到来前,鳗鱼群发生了某种微妙的变化,以响应鳗鱼越来越快的生长节奏,并引导海面上的洄游大河中的成员加速向西靠拢。随着时间的流逝,幼鳗的叶状体型渐渐消失,发育得跟它们的父母一样身体浑圆,曲线婀娜。与此同时,它们寻觅浅滩淡水的冲动也越来越强。此时的它们发现了肌肉里潜藏的力量,于是逆着风和海流向岸边游。在盲目而强大的本能驱使下,它们小小透明的身体的一举一动在不经意间都朝着一个目标努力。尽管此前它们从未经历过这些，但某种东西早已深深烙印在这一物种的记忆中，因此每一条鳗鱼都毫不犹豫地往海岸游，那是它们父母曾经的出发地。

仍有少部分大西洋幼鳗混杂在西大西洋幼鳗之中，但它们当中没有一条有离开深海的冲动。它们身体各部分的生长发育节奏都慢了下来。还要再等两年，它们的身体才会正式过渡为成鳗，并适应淡水生活。因此目前它们继续随洋流漂游。

横跨半个大西洋后，东边出现了另一小群体纤如叶的旅伴——去年孵化的幼鳗。再往东，是欧洲海岸线所在的纬度地区，那里有一群随洋流漂流的幼鳗，虽比前者年长不到一岁，但体长已跟成鳗一般长。就在这一季，四分之一的幼鳗到达了它们长征的尽头，先后进入欧洲海湾、河口，开始逆流直上。

相较而言，美洲鳗的洄游之旅比较短。到了仲冬，鳗鱼群沿大陆架游向海滨。尽管刺骨寒风使海水温度降至冰点，而且滨海此时正处在远日点，但洄游的鳗鱼依然贴近海面前游。不比刚出生时，此时它们已不再需要温暖的海水。

幼鳗继续往海滨游，身下游过另一群鳗鱼。它们是新一代成鳗，刚刚披上银黑相间的闪亮外袍，往出生地洄游。两群鳗鱼擦身而过，彼此都没认出对方——它们分属两代——一代正值新生，而另一代却即将消失在深海的黑暗中。

随着幼鳗不断游近海岸，身下的水层也不断变浅。幼鳗的身型发育到新阶段，以便逆流而上。柳叶型身体变得更加紧致，体长与体宽都有所缩减，由扁平的柳叶变为浑厚的圆柱体。幼年时期的大乳牙脱落了，脑袋也变得更加浑圆。脊椎处虽出现一粒粒小小的色素细胞，但幼鳗身体大部分仍跟玻璃一样透明。这一阶段的幼鳗叫"玻璃鳗"，也叫线鳗。

三月，大海是灰色的。此时此刻，鳗鱼这一来自深海的生物在等待，准备向陆地进军。它们在沼泽、支流，还有墨西哥湾沿岸的野稻田里等待，准备向海峡与河口边的绿沼泽地进发。它们等待着北部冻河倾泻而下的河水与迅猛上涨的朔望潮交汇，等待大量被倒入海中的淡水的到来，这样鳗鱼尝到陌生的淡水味后便会兴奋地逆流直上。在海湾口等待的鳗鱼有成千上万条，而一年多以前，安圭拉和它的同伴就是从那里出发进入深海的。当时它们本能地响应传宗接代的召唤，成就了如今归家的幼鳗。

鳗鱼马上就要游到细杆白灯塔旁的陆地一角了。每天日暮时分，成群海鸭（又名花斑长尾鸭）便会从近海觅食场归来，在海面上空盘旋一阵后，剧烈振翅降落在昏暗的海面上，此时的海鸭会瞥见这座灯塔。旭日初升碧海，成群的小天鹅踏上春季北上迁徙之旅，此时的小天鹅也会看见这座灯塔。它们的漫漫迁徙路从卡罗来纳海湾开始，目的地是北极洲大瘠地。领头的天鹅看见灯塔后，连鸣三声，因为它标志着迁徙路上第一处安歇点到了。

月圆之时，潮水也高。退潮水倒灌入海，淡水向湾口疾奔，在海湾湾口外等待的鱼尝到强烈的淡水味，因为所有河流都在发洪水。

月光下，幼鳗看到水里到处是巨大的鼓着肚子的银鳞鱼，那是从大海觅食处归来的鲱鱼。鲱鱼正在等候冰块漂离海湾，这样它们就可以沿着河流溯游回去产卵。石首鱼群待在水底，它们发出的隆隆鼓声在水中震荡。石首鱼、海鳟鱼和斑点鳟来自近海的越冬栖息地，正寻找海湾的觅食处。还有一种鱼紧跟浪潮，乘着浪头追击急流冲来的海洋小动物，那就是海里土生土长并不溯洄的鲈鱼。

每逢月亏潮缓，线鳗便冲向海湾口。此时残雪消融，水流归海，

第十五章 返航

黑夜即将降临。月光晦暗，海潮式微，温暖的春雨即将落下，雾气中透着苦甜参半的初绽的芬芳花蕾。而后，线鳗将蜂拥向海湾，沿沙滩往上游，寻找属于自己的河。

河口的水混着海水的微咸味，年轻的雄鳗将继续在河口逗留，因为它们受不了淡水奇怪的味道。雌鳗则逆着水流勇往直前。它们趁夜轻灵地游动，正如昔日它们的母亲顺流而下。溯洄队列长达数英里，沿着河流和小溪的浅水处首尾相接，拥堵堆叠，好似一条无比长的巨蟒。任何艰难险阻都吓不倒它们。它们或许会被饥饿的鱼所吞吃，或许被鳟鱼、鲈鱼、梭鱼，甚至年长的鳗鱼猎食。沿着水边猎食的老鼠，以及海鸥、苍鹭、乌鸦、鸬鹚、潜鸟，也都是它们的捕食者。它们涌上激流，在苔藓丛生的岩石中艰难地攀爬，靠溅射的水珠湿润身体，偶尔也扭动着向大坝的溢洪道冲刺。有些鳗鱼会继续前行几百英里。沧海桑田，那些大陆，或曾数次被海水浸没沉后再度浮现；而鳗鱼这种深海生灵，却遍布所有大陆。

在三月的近海，鳗鱼守候着，等待适合进入陆地水域的时机。而大海，也懒洋洋地等待着。等待再次蚕食海滨平原，爬上小丘，冲激山脚。正如鳗鱼在海湾口等候的时间不过是它们充满变数的漫长生涯的一个插曲，海与岸、山的关系也不过是地质年代的短短一瞬。迟早有一天，山会被无休止的水的侵蚀彻底毁灭，被搬入大海成为淤泥。迟早有一天，所有的海滨会再次浸入海中，其上的城镇亦终归大海。

图书在版编目(CIP)数据

海风下/（美）卡森(Carson, R.)著，徐依含译. —北京：海洋出版社，2016.6
（蕾切尔·卡森海洋三部曲）
书名原文: Under the Sea-Wind
ISBN 978-7-5027-9422-4

Ⅰ.①海… Ⅱ.①卡… ②徐… Ⅲ.①海洋生物—普及读物 Ⅳ.①Q178.53-49

中国版本图书馆 CIP 数据核字（2016）第 091598 号

总 策 划：刘 斌	发 行 部：（010）62174379（传真）（010）62132549
责任编辑：刘 斌	（010）68038093（邮购）（010）62100077
责任校对：肖新民	网 址：www.oceanpress.com.cn
责任印制：赵麟苏	承 印：北京画中画印刷有限公司
排 版：海洋计算机图书输出中心 申彪	版 次：2016 年 6 月第 1 版
	2016 年 6 月第 1 次印刷
出版发行：海洋出版社	开 本：170mm×240mm 1/16
地 址：北京市海淀区大慧寺路 8 号（716 房间）	印 张：10
100081	字 数：256 千字
经 销：新华书店	印 数：1～4000 册
技术支持：（010）62100055	定 价：45.00 元

本书如有印、装质量问题可与发行部调换